高校经典教材同步辅导丛书

电路分析基础（第四版·下册）同步辅导及习题全解

主　编　郭维林　边文思

内容提要

本书是与高等教育出版社出版的、李瀚荪主编的《电路分析基础》（第四版•下册）一书配套的同步辅导和习题解答参考书。

本书共有五章，分别介绍阻抗和导纳、正弦稳态功率和能量三相电路、频率响应和多频正弦稳态电路、耦合电感和理想变压器、拉普拉斯变换在电路分析中的应用。本书按教材内容安排全书结构，各章均包括知识点精析、思考题与练习题解答、课后习题全解三部分内容。全书按教材内容，针对各章节习题给出详细解答，思路清晰，逻辑性强，循序渐进地帮助读者分析并解决问题，内容详尽，简明易懂。

本书可作为高等院校学生学习电路分析基础课程的辅导教材，也可作为考研人员复习备考的辅导教材，同时可供教师备课命题作为参考资料。

图书在版编目（CIP）数据

电路分析基础（第四版・下册）同步辅导及习题全解 / 郭维林，边文思主编. -- 北京 : 中国水利水电出版社, 2011.10（2019.2 重印）
（高校经典教材同步辅导丛书）
ISBN 978-7-5084-9068-7

Ⅰ. ①电… Ⅱ. ①郭… ②边… Ⅲ. ①电路分析－高等学校－教学参考资料 Ⅳ. ①TM133

中国版本图书馆CIP数据核字(2011)第206031号

策划编辑：杨庆川　责任编辑：李　炎　封面设计：李　佳

书　名	高校经典教材同步辅导丛书 电路分析基础（第四版・下册）同步辅导及习题全解
作　者	主　编　郭维林　边文思
出版发行	中国水利水电出版社 （北京市海淀区玉渊潭南路 1 号 D 座　100038） 网址：www.waterpub.com.cn E-mail：mchannel@263.net（万水） sales@waterpub.com.cn 电话：（010）68367658（发行部）、82562819（万水）
经　售	北京科水图书销售中心（零售） 电话：（010）88383994、63202643、68545874 全国各地新华书店和相关出版物销售网点
排　版	北京万水电子信息有限公司
印　刷	三河市祥宏印务有限公司
规　格	170mm×227mm　16 开本　11.5 印张　269 千字
版　次	2011 年 10 月第 1 版　2019 年 2 月第 4 次印刷
定　价	18.80 元

前 言

电路分析基础是理论、工程和实践应用非常广泛的一门基础课，包含电路技术的基本理论和分析方法。李瀚荪主编的《电路分析基础(第四版·下册)》以体系完整、结构严谨、层次清晰、深入浅出的特点成为这门课程的经典教材，被全国许多院校采用。

为了帮助读者更好地学习这门课程，掌握更多的知识，我们根据多年的教学经验编写了这本与此教材配套的《电路分析基础(第四版·下册)同步辅导及习题全解》。本书旨在帮助广大读者理解基本概念，掌握基本知识，学会基本解题方法与解题技巧，进而提高应试能力。

本书作为一种辅助性的教材，具有较强的针对性、启发性、指导性和补充性。考虑到电路分析基础这门课程的特点，我们在内容上作了以下安排：

1. **知识点精析**。对每章知识点做了简练概括，梳理了各知识点之间的脉络联系，突出各章主要定理及重要公式，使读者在各章学习过程中目标明确，有的放矢。

2. **思考题与练习题解答**。解答教材中各章节的思考题与练习题，帮助学生掌握解题方向，加深对基本概念和公式的理解。

3. **课后习题全解**。教材中课后习题丰富、层次多样，许多基础性问题从多个角度帮助学生理解基本概念和基本理论，促其掌握基本解题方法。我们对教材的课后习题给出了详细的解答。

由于时间较仓促，编者水平有限，书中难免有疏漏之处，敬请各位同行和读者给予批评、指正。

编者

2011 年 9 月

目录

contents

第三篇
动态电路的相量分析法和 s 域分析法

第八章

阻抗和导纳

知识点精析

一、变换方法的概念

变换方法的基本思路(如图 8－1 所示):

(1) 把原来的问题变换为一个较容易处理的问题。

(2) 在变换域中求解问题。

(3) 把变换域中求得的解答反变换为原来问题的解答。

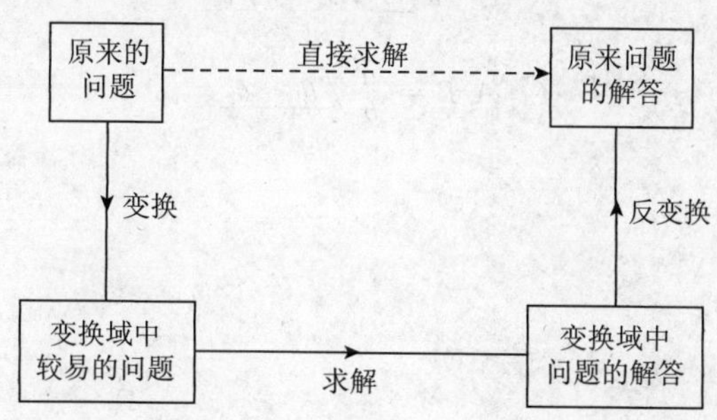

图 8－1 变换方法的思路

二、复数

1. 复数的表示形式

(1) 实部、虚部 $A = a_1 + ja_2$

(2) 模、幅角 $A = a\cos\theta + ja\sin\theta$($a$ 为模,θ 为幅角)

或 $A = ae^{j\theta}$

或 $A = a\angle\theta$

2. 四则运算

(1) 相等,即实虚部分别相等。

(2) 加减

$$A = a_1 + ja_2, B = b_1 + jb_2$$

$$A \pm B = (a_1 \pm b_1) + j(a_2 \pm b_2)$$

(3) 乘法

$$A = a\angle\theta_1, B = b\angle\theta_2$$

$$A \cdot B = a \cdot b\angle\theta_1 + \theta_2$$

(4) 除法

$$A = a\angle\theta_1, B = b\angle\theta_2$$

$$A/B = \frac{a}{b}\angle\theta_1 - \theta_2$$

三、振幅相量

1. 正弦电压

$$u(t) = U_m\cos(\omega t + \varphi)$$

振幅相量 $$\dot{U}_{\mathrm{m}} = U_{\mathrm{m}} \mathrm{e}^{j\varphi} = U_{\mathrm{m}} \angle \varphi$$

2. 相量分析法

由于正弦稳态电路中，各个电压、电流响应与激励均为同频率的正弦波，在已知频率的情况下，正弦波的三特征降为两个特征，从而利用欧拉恒等式，可把给定 ω 的正弦函数变换为复平面上的相量。相量分析法是 种专用以分析正弦稳态电路的变换方法。

四、相量的线性性质和基尔霍夫定律的相量形式

1. KCL 的相量形式

对任意电路节点

$$\sum_{k=1}^{K} \dot{I}_{\mathrm{km}} = 0$$

2. KVL 的相量形式

对任意电路回路

$$\sum_{k=1}^{K} \dot{U}_{\mathrm{km}} = 0$$

在正弦稳态电路中，基尔霍夫定律可直接用电流振幅相量和电压振幅相量写出。

五、三种基本电路元件 *VCR* 的相量形式

1. 电阻元件

$$\dot{U}_{\mathrm{m}} = R\dot{I}_{\mathrm{m}} \text{ 或 } \dot{I}_{\mathrm{m}} = G\dot{U}_{\mathrm{m}}$$

2. 电容元件

$$\dot{I}_{\mathrm{m}} = \mathrm{j}\omega C\dot{U}_{\mathrm{m}}$$

电流超前电压的角度为 90°。

3. 电感元件

$$\dot{U}_{\mathrm{m}} = \mathrm{j}\omega L \dot{I}_{\mathrm{m}}$$

电流滞后电压的角度为 90°。

六、*VCR* 相量形式的统一——阻抗和导纳的引入

1. 阻抗

元件在正弦稳态时电压相量与电流相量之比，记为 Z。

$$\dot{U}_{\mathrm{m}} = Z\dot{I}_{\mathrm{m}}$$

此式常称为欧姆定律的相量形式。

2. 导纳

阻抗的倒数，记为 Y。

$$\dot{I}_{\mathrm{m}} = Y\dot{U}_{\mathrm{m}}$$

3. 电抗

阻抗的虚部，记为 X。

$$X = I_{\mathrm{m}}[Z]$$

4. 电纳

导纳的虚部，记为 B。

$$B = I_{\mathrm{m}}[Y]$$

七、正弦稳态电路与电阻电路分析方法的类比——相量模型的引入

(1) 运用相量并引用阻抗及导纳，正弦稳态电路的计算可以仿照电阻电路的处理方法来进行。

(2) 相量模型是一种运用相量能很方便地对正弦稳态电路进行分析、计算的假想模型，它和原正弦稳态电路具有相同的拓扑结构，但原电路中各个元件要用阻抗(或导纳)表示。

八、正弦稳态混联电路的分析

作出正弦稳态混联电路的相量模型后，就可仿照电阻混联电路的处理方法求输入阻抗或导纳，各支路电流以及电压相量等。

在求输入阻抗或导纳时，应该注意以下几点。

(1) 同一元件或同一对端钮间的阻抗与导纳互为倒数。

(2) 基本元件的阻抗和导纳，如表 8－1 所示。

表 8－1　基本元件的阻抗和导纳

	Z	Y
R	R	$\frac{1}{R}=G$
C	$\frac{1}{j\omega C}$	$j\omega C$
L	$j\omega L$	$\frac{1}{j\omega L}$

(3) 串联部分

$$Z=\sum_{k=1}^{n}Z_k$$

凡是串联的元件，用阻抗来表征较为方便。

并联部分

$$Y=\sum_{k=1}^{n}Y_k$$

凡是并联的元件，用导纳来表征较为方便。但在两个元件并联时，也可根据下式进行化简

$$Z=\frac{Z_1Z_2}{Z_1+Z_2}$$

九、相置模型的网孔分析和节点分析

分析步骤如下：

(1) 作出相量模型；

(2) 列网孔电流相量方程或节点电压相量方程(同时域算法)；

(3) 将相量转化为相应的时域分析方法。

十、相量模型的等效

给定单口网络 $N_{0\omega}$ 如图 8－2(a) 所示，下标“0”表示该网络不含独立源，其 VCR 应为

$$\dot{U}_m = Z\dot{I}_m$$

其中，Z 为单口网络的输入阻抗，即等效阻抗。输入阻抗一般为复数，具有实部和虚部，亦即

$$Z = \mathrm{Re}Z + \mathrm{j}\mathrm{Im}Z = R + \mathrm{j}X$$

因此，该单口网络可等效为一个由 R 和 jX 串联的相量模型，如图 8－2(b) 所示。

单口网络 $N_{0\omega}$ 的 VCR 也可表示为

$$\dot{I}_m = Y\dot{U}_m$$

$$Y = \mathrm{Re}Y + \mathrm{j}\mathrm{Im}Y = G + \mathrm{j}B$$

等效概念也可用于相量模型，该单口网络的另一等效模型如图 8－2(c) 所示。

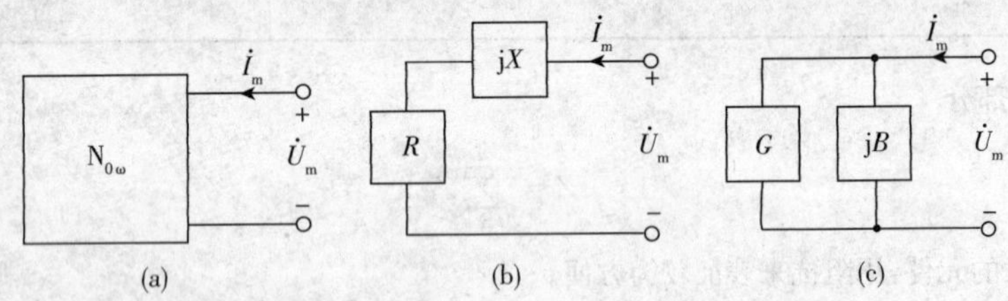

图 8－2　单口网络 $N_{0\omega}$ 及其两种等效相量模型

十一、有效值　有效值相量

1. 有效值

周期电流 i 的有效值

$$I = \sqrt{\frac{1}{T}\int_0^T i^2\,\mathrm{d}t}$$

周期电压 u 的有效值

$$U=\sqrt{\frac{1}{T}\int_0^T u^2(t)\mathrm{d}t}$$

2. 有效值向量

电流相量

$$\dot{I}=I_m\angle\varphi\text{（其中 }I=\frac{1}{\sqrt{2}}I_m\text{，}I\text{ 为有效值，}I_m\text{ 为最大值）}$$

电压相量

$$\dot{U}=U_m\angle\varphi\text{（}U,U_m\text{ 同上）}$$

稳态分析中一般都用有效值相量。

十二、两类特殊问题　相量图法

在电工、电子技术中往往遇到只要计算有效值的问题和只要计算相位差的两类特殊问题，相量图法是适合求解这两类问题的简便方法。

相量图法是先定性地画出相量图，然后根据图形的特征解决问题的方法。

思考题与练习题解答

第二节

练习题

8－1　(1) 把下列复数化为直角坐标形式：

$5\angle 30°$，$5\angle 150°$，$5\angle -150°$，$5\angle -30°$，$10\angle 240°$，$2\angle 90°$，$2\angle -90°$及 $2\angle 180°$。

(2) 把下列复数化为极坐标形式：

$1+\mathrm{j}1$，$1+\mathrm{j}10$，$1-\mathrm{j}1$，$-1-\mathrm{j}1$，$-1+\mathrm{j}1$，$\mathrm{j}4$，$-\mathrm{j}4$，3 及 -3。

解题过程　(1) $5\angle 30°=4.33+\mathrm{j}2.5$

$5\angle 150^\circ = -4.33 + j2.5$

$5\angle -150^\circ = -4.33 - j2.5$

$5\angle 30^\circ = 4.33 - j2.5$

$10\angle 240^\circ = -5 - j8.66$

$2\angle 90^\circ = j2$

$2\angle -90^\circ = -j2$

$2\angle 180^\circ = -2$

(2)$1 + j1 = \sqrt{2}\angle 45^\circ$

$1 + j10 = 10.05\angle 84.29^\circ$

$1 - j1 = \sqrt{2}\angle -45^\circ$

$-1 - j1 = \sqrt{2}\angle -135^\circ$

$-1 + j1 = \sqrt{2}\angle 135^\circ$.

$j4 = 4\angle 90^\circ$

$-j4 = 4\angle -90^\circ$

$3 = 3\angle 0^\circ$

$-3 = 3\angle 180^\circ$

8－2 设 $A = 3 + j4$、$B = 10\angle 60^\circ$，试计算 $A + B$、$A \cdot B$ 及 A/B。

解题过程 $B = 5 + j8.66$，$A = 5\angle 53.13^\circ$

$A + B = 3 + 4j + 5 + j8.66 = 8 + j12.66$

$A \cdot B = 5\angle 53.13^\circ \times 10\angle 60^\circ = 50\angle 113.13^\circ$

$A/B = \frac{5}{10}\angle (53.13 - 60^\circ) = 0.5\angle -6.87^\circ$

8－3 若 K 为复数，且 $\mathrm{Re}K = 17$ 及 $\mathrm{Re}[(-3 + j6)K] = 4$，试求 K。

解题过程 设 $K = a + jb$，a、b 均为实数，则

$$\mathrm{Re}(K) = a = 17$$

$$\mathrm{Re}[(-3+\mathrm{j}6)K]=-3a-6b=4$$

即可得方程组
$$\begin{cases}a=17\\-3a-6b=4\end{cases}$$

从而
$$a=17, b=-9.167$$

所以
$$K=17-\mathrm{j}9.167$$

第三节

练习题

8－4 (1) 求代表下列正弦波的振幅相量[以 $1\angle 0^\circ$ 代表 $\cos(\omega t)$],并绘出相量图:

(a)$5\sin(\omega t+30^\circ)$;(b)$-8\cos(\omega t-45^\circ)$;(c)$-6\sin(\omega t-120^\circ)$

(2) 重复上题,但用 $1\angle 0^\circ$ 代表 $\sin(\omega t)$。这两题所绘相量图有什么不同?

解题过程 (1)(a)$5\sin(\omega t+30^\circ)=5\cos(\omega t+30^\circ-90^\circ)$

所以向量为 $5\angle -60^\circ$。

(b)$-8\cos(\omega t-45^\circ)=8\cos(\omega t-45^\circ+180^\circ)$

所以向量为 $8\angle 135^\circ$。

(c)$-6\sin(\omega t-120^\circ)=6\cos(\omega t-120^\circ-90^\circ-180^\circ)$

所以向量为 $6\angle -30^\circ$。

相量图分别如图 8－3(a)、(b)、(c) 所示。

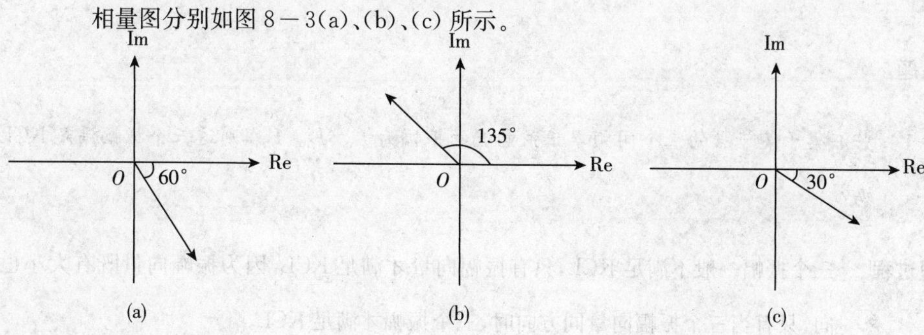

图 8－3

(2)(a)$5\sin(\omega t+30^\circ)$

所以向量为 $5\angle 30^\circ$。

(b)$-8\cos(\omega t-45^\circ)=8\sin(\omega t-45^\circ-90^\circ)$

所以向量为 $8\angle -135^\circ$。

(c)$-6\sin(\omega t-120^\circ)=6\sin(\omega t-120^\circ+180^\circ)$

所以向量为 $6\angle 60^\circ$。

相量图分别如图 8－4(a)、(b)、(c) 所示。

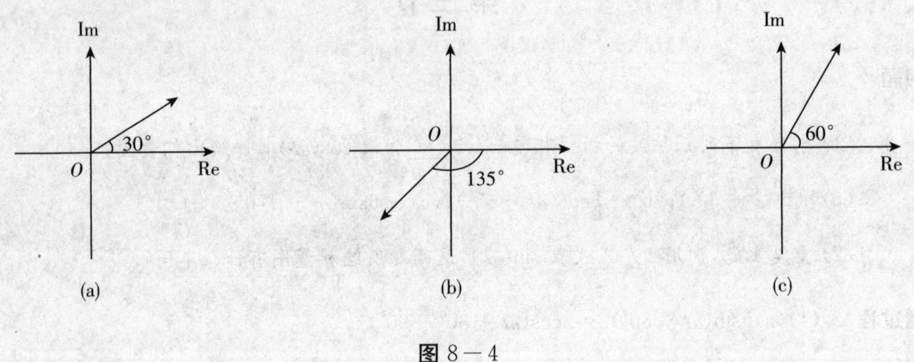

图 8－4

从(1) 和(2) 的结果及相量图可以看出前后两种结果相差 90°。

第四节

思考题

8－1 若汇集于某节点的三个同频率正弦电流的振幅为 I_{1m}、I_{2m}、I_{3m}，则这三个振幅满足 KCL，对吗？

解题过程 三个振幅一般不满足 KCL，只有振幅向量才满足 KCL，因为振幅向量既有大小也有方向，只有当三个振幅向量同方向时，三个振幅才满足 KCL。

8－2 若同频率正弦电流 $i_1(t)$ 及 $i_2(t)$ 的振幅为 I_{1m}、I_{2m}，$i_1(t)+i_2(t)$ 的振幅为 I_m，问在什么条件下，下列关系成立：

(1) $I_{1m}+I_{2m}=I_m$；

(2) $I_{1m}-I_{2m}=I_m$；

(3) $I_{1m}^2+I_{2m}^2=I_m^2$；

逻辑推理 $i_1(t)+i_2(t)=I_{1m}\cos(\omega t+\varphi_1)+I_{2m}\cos(\omega t+\varphi_2)=I_m\cos(\omega t+\varphi)$，若使 $I_m^2=I_{1m}^2+I_{2m}^2$ 成立，根据三角和公式 $(\omega t+\varphi_1)$ 与 $(\omega t+\varphi_2)$ 必须满足差值为 $\frac{\pi}{2}$ 或 $\frac{3}{2}\pi$，易验证差值为 $\frac{3}{2}\pi$ 不满足。

解题过程 (1) 当 $i_1(t)$ 和 $i_2(t)$ 同相位时，$I_{1m}+I_{2m}=I_m$。

(2) 当 $i_1(t)$ 和 $i_2(t)$ 相位相差 $180°$ 时，$I_{1m}-I_{2m}=I_m$。

(3) 当 $i_1(t)$ 与 $i_2(t)$ 相位相差 $90°$ 时，$I_{1m}^2+I_{2m}^2=I_m^2$。

8－3 如果在例 8－5 中，i_2 改为 $5\sin(2\omega t)$，则例题中的计算是否有效？

解题过程 无效。因为 KCL 应用的前提是电路工作于唯一的频率 ω 下。

练习题

8－5 已知 $i_1(t)=4\cos t\text{A}$、$i_2(t)=3\sin t\text{A}$，试求 $i_1(t)+i_2(t)$。

解题过程 从 i_1，i_2 表达式可以求得振幅相量分别为

$$\dot{I}_{1m}=4\angle 0°=4\text{A}$$

$$\dot{I}_{2m}=3\angle -90°=-\text{j}3\text{A}$$

$$\dot{I}_{1m}+\dot{I}_{2m}=(4-\text{j}3)\text{A}$$

所以
$$i_1(t)+i_2(t)=5\cos(t-36.87°)\text{A}$$

8－6 电路如图 8－5(a) 所示，$i_S(t)=10\cos(\omega t)$A，由示波器测得 u_{ab}、u_{bc} 的波形如图8－5(b) 所示。

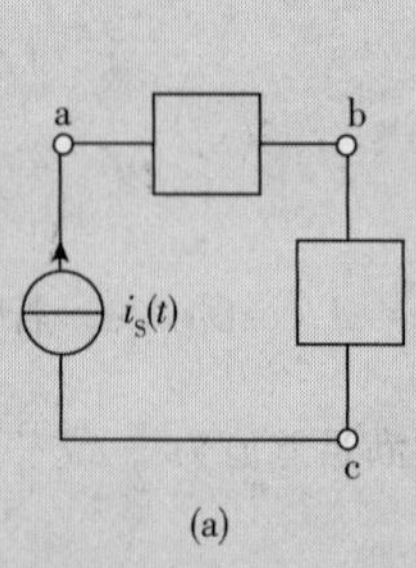

(a)

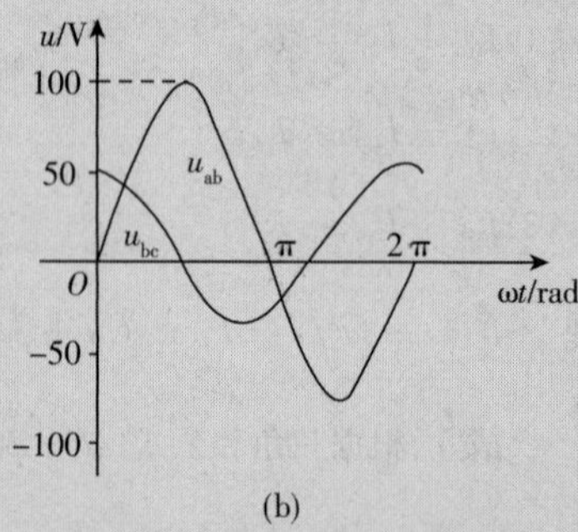

(b)

图 8－5

(1) 求 u_{ac}；

(2) 绘相量图(包含上述所有电压和电流相量)；

(3) 求 u_{ac} 与 i_S，u_{ab} 与 i_S 以及 u_{bc} 与 i_S 的相位关系。

解题过程 (1) 由图 8－5(b) 可得

$$u_{ab}=100\sin\omega t\,\text{V},u_{bc}=50\cos\omega t\,\text{V}$$

用相量模型求解得

$$\dot{U}_{abm}=100\angle -90^\circ=-\text{j}100,\dot{U}_{bcm}=50\angle 0^\circ=50$$

所以 $$\dot{U}_{acm}=U_{abm}+U_{bcm}=50-\text{j}100=111.803\angle -63.435^\circ$$

所以时域波形 $$u_{ac}(t)=111.803\cos(\omega t-63.435^\circ)\text{V}$$

(2) 绘相量图如图 8－6 所示。

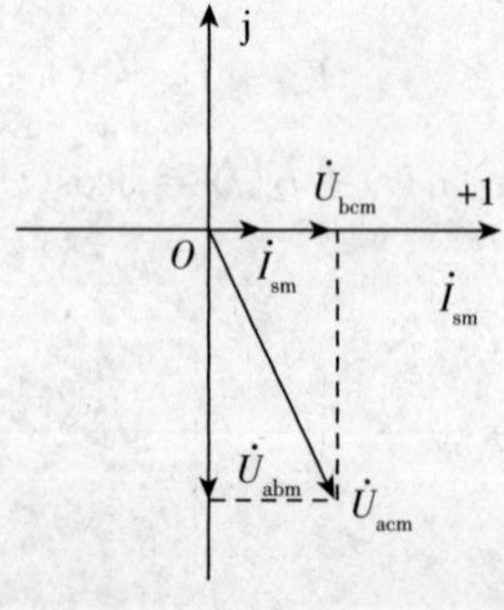

图 8－6

(3) 从图 8－6 所示相量图可以看出，u_{ac} 滞后 $i_S 63.435°$，u_{ab} 滞后 $i_S 90°$，u_{bc} 与 i_S 同相位。

第五节

思考题

8－4 图 8－7 所示电路 ab 端间为一单个元件，其电压、电流波形如图所示。若电压波形系指：(1)u_{ab} 的波形，(2)u_{ba} 的波形，求该元件的参数值。

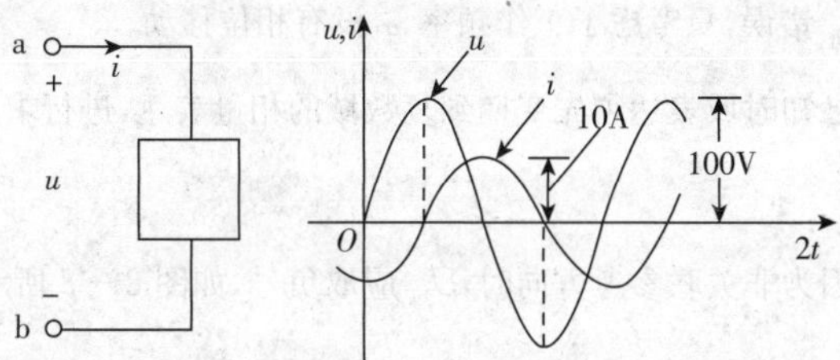

图 8－7

解题过程 由波形图可知 u 和 i 的振幅相量分别为

$$\dot{U}_m = U_m \angle -90°, \dot{I}_m = I_m \angle 180°$$

若(1)u 是 u_{ab} 波形，则

$$\frac{\dot{U}_{abm}}{\dot{I}_m} = \frac{U_m}{I_m} \angle -90° = j10\text{(即电压比电流超前 }90°\text{)}$$

可见是电感元件；

(2)u 是 u_{ba} 波形，则

$$\frac{\dot{U}_{abm}}{\dot{I}_m} = -\frac{\dot{U}_m}{\dot{I}_m} = -j10\text{(即电压比电流滞后 }90°\text{)}$$

可见是电容元件。

8－5 (1) 指出下列各式哪些是错的？哪些是对的？

$$u = \omega Li, u = Li, u = j\omega Li, \dot{U}_m = j\omega L\dot{I}_m, u = L\frac{di}{dt}, \dot{U}_m = \omega L\dot{I}_m$$

(2) 已知电感电压为 $u(t) = 10\cos(\omega t + 30°)$，则电感电流 $i(t) = \frac{10}{j\omega L}\cos(\omega t + 30°) = \frac{10}{\omega L}\cos(\omega t + 30° - 90°)$，对吗？

(3) 如果电容电压、电流为非关联参考方向，相量图仍如教材图 8－14(b) 所示，对吗？

解题过程 (1)$u=\omega Li$ 这是时域表达，u 应超前 $i90^{\circ}$，所以是错的。

$u=Li$ 既没有考虑工作频率 ω，也没考虑相位，所以是错的。

$u=\mathrm{j}\omega Li$ 出现了 $\mathrm{j}\omega$，但 u,i 是时域表达，时域和复数域的概念混淆，表达错误。

$\dot{U}_{\mathrm{m}}=\mathrm{j}\omega L\dot{I}_{\mathrm{m}}$ 正确，是单一频率电感 VCR 的相量形式。

$u=L\dfrac{\mathrm{d}i}{\mathrm{d}t}$ 正确，时域电感 VCR。

$\dot{U}_{\mathrm{m}}=\omega L\dot{I}_{\mathrm{m}}$ 错误，只考虑了工作频率 ω，没有相位移动。

(2) 不对。已知时域表达须先变换到复数域的相量表达，进行求解后进行反变换，得到时域解。

(3) 不对。因为非关联参考方向时，$\dot{U}_{\mathrm{m}}$ 应取负号，如图 8－8 所示或 $\dot{I}_{\mathrm{m}}$ 取负号。

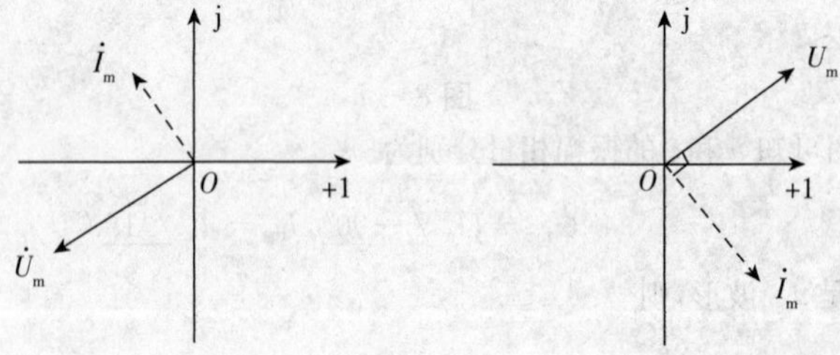

图 8－8

练习题

8－7 电流振幅相量(30－j10)mA 流过 40Ω 电阻，求电阻两端的电压振幅相量。又在 $t=1\mathrm{ms}$ 时电阻两端电压是多少？已知 $\omega=1000\mathrm{rad/s}$，并设电压、电流参考方向一致。

解题过程 $\dot{U}_{\mathrm{Rm}}=I_{\mathrm{m}}\cdot R=31.6228\angle-18.435^{\circ}\times 40\times 10^{-3}=1.265\angle-18.435^{\circ}\ \mathrm{V}$

则在 $\omega=1000\mathrm{rad/s}$ 时，$u_R(t)=1.265\cos(1000t-18.435^{\circ})\mathrm{V}$。

所以 $t=1\mathrm{ms}=10^{-3}\mathrm{s}$ 时，$u_R(10^{-3})=1.265\cdot\cos(1\times\dfrac{180^{\circ}}{\pi}-18.435^{\circ})=0.985\mathrm{V}$。

8－8 电容两端电压为 $u(t)=141\cos(3140t+15^{\circ})\mathrm{V}$，若 $C=0.01\mu\mathrm{F}$，求电容电流 $i(t)$。

解题过程 $\dot{U}_{\mathrm{m}}=141\angle 15^{\circ}$，$\omega=3141\mathrm{rad/s}$

电容阻抗为

$$Z_C = \frac{1}{j\omega C} = \frac{1}{j(3140 \times 0.01 \times 10^{-6})}$$

$$\dot{I}_m = \frac{\dot{U}_m}{Z_C} = 3140 \times 10^{-8} \times 141 \angle 15^\circ - 90^\circ = 4.4274 \angle -75^\circ \text{ mA}$$

所以 $$i(t) = 4.4274\cos(3140t - 75^\circ)\text{mA}$$

8－9 电感电压 $u(t) = 80\cos(1000t + 105^\circ)$V。若 $L = 0.02$H，F 求电感电流 $i(t)$。

解题过程 $$\dot{U}_m = 80 \angle 105^\circ, \omega = 1000\text{rad/s}$$

电感阻抗 $$Z_L = j\omega L = j20\Omega$$

所以 $$\dot{I}_m = \frac{\dot{U}_m}{Z_L} = \frac{80 \angle 105^\circ}{j20} = 4 \angle 105^\circ - 90^\circ = 4 \angle 15^\circ \text{ A}$$

所以时域中电流 $$i(t) = 4\cos(1000t + 15^\circ)\text{A}$$

第六节

练习题

8－10 试求 200μF 电容在 50Hz 及 1kHz 时的阻抗和容抗；1.4H 电感在 50Hz 及 1kHz 时的阻抗和感抗。

解题过程 对 50Hz 时 200μF 电容，有

阻抗 $$Z_C = \frac{1}{j\omega C} = \frac{1}{j(50 \times 2\pi \times 200 \times 10^{-6})\Omega} = -j15.915\Omega$$

容抗 $$X_C = -\frac{1}{\omega C} = -15.915\Omega$$

对 1kHz 时 200μF 电容，有

阻抗 $$Z_C = \frac{1}{j\omega C} = \frac{1}{j(10^3 \times 2\pi \times 200 \times 10^{-6})}\Omega = -j0.79577\Omega$$

容抗 $$X_C = -\frac{1}{\omega C} = -0.79577\Omega$$

对 50Hz 时 1.4H 电感，有

阻抗 $$Z_L = j\omega L = [j(50 \times 2\pi \times 1.4)]\Omega = j439.82\Omega$$

感抗 $$X_L = \omega L = 439.82\Omega$$

对 1kHz 时 1.4H 电感，有

阻抗 $$Z_L = \mathrm{j}\omega L = [\mathrm{j}(1000 \times 2\pi \times 1.4)]\Omega = \mathrm{j}8796.46\Omega$$

感抗 $$X_L = \omega L = 8796.46\Omega$$

第七节

思考题

8－6 若 $u = 311\cos(\omega t + 45^\circ)\text{V}, Z = 2.5\underline{/60^\circ}\ \Omega$

则 $$i = \frac{311\cos(\omega t + 45^\circ)}{2.5\underline{/60^\circ}}\text{A} = \frac{311}{2.5}\cos(\omega t + 45^\circ - 60^\circ)\text{A}$$

对吗,为什么?

解题过程 不对。该解法最终答案正确,但在运算过程中混淆了时域和复域的概念,应将 u 先变换到复域相量形式,求解后将 I_m 反变换到时域。

$$\dot{U}_m = 311\underline{/45^\circ}$$

所以 $$\dot{I}_m = \frac{\dot{U}_m}{Z} = \frac{311}{2.5}\underline{/45 - 60^\circ} = \frac{311}{2.5}\underline{/-15^\circ}$$

$$i = \frac{311}{2.5}\cos(\omega t - 15^\circ)$$

8－7 在某一频率时,测得若干线性时不变无源电路的阻抗如下:

RC 电路:$Z = (5 + \mathrm{j}2)\Omega$　　RL 电路:$Z = (5 - \mathrm{j}7)\Omega$

RLC 电路:$Z = (2 - \mathrm{j}3)\Omega$　　LC 电路:$Z = (2 + \mathrm{j}3)\Omega$

这些结果合理吗?

解题过程 纯 R 电路的电阻为 $R(R > 0)$,纯 L 电路的电抗为 $\mathrm{j}A(A > 0)$,纯 C 电路的电抗为 $-\mathrm{j}B(B > 0)$。

RC 电路电抗虚部必为负,所以 $Z = 5 + \mathrm{j}2$ 不合理。

RL 电路电抗虚部必为正,所以 $Z = 5 - \mathrm{j}7$ 不合理。

RLC 电路电抗实部为正,虚部可正可负,所以 $Z = 2 - \mathrm{j}3$ 是容性电路,合理。

LC 电路实部为零,虚部可正可负,$Z = 2 + \mathrm{j}3$ 实部不为零,所以不合理。

练习题

8－11 作出图8－9所示各电路的相量模型，并求ab端的阻抗及导纳。又ab端正弦稳态电压与电流的相位关系如何？

解题过程 (a) 以电流相量为基准

电感感抗为 $\omega L = 10^7 \Omega$

$$Z = 5 + \mathrm{j}10^7 \Omega = 3.1623 \times 10^7 \angle 89.999997^\circ$$

u_{ab} 超前电流 89.999997°。

相量模型如图8－10(a)所示。

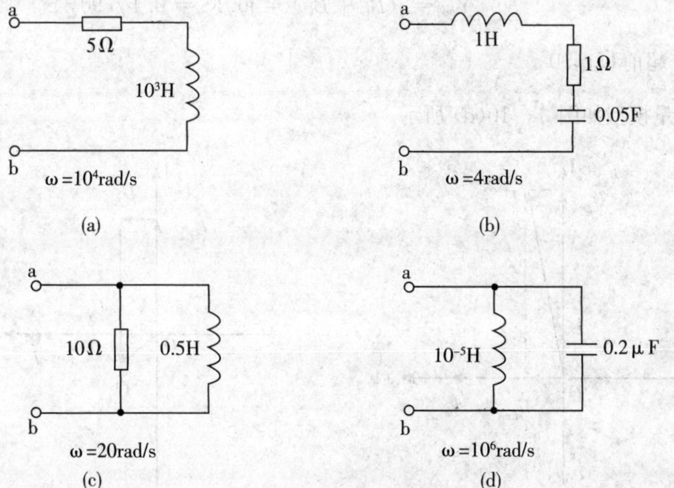

图8－9

(b) 以 I_m 为基准

电感感抗 $$X_L = \omega L = 4\Omega$$

电容容抗 $$X_C = -\frac{1}{\omega C} = -\frac{1}{0.2} = -5\Omega$$

$$Z = 1 + \mathrm{j}(X_L + X_C) = (1 - \mathrm{j}1)\Omega = \sqrt{2} \angle -45^\circ \Omega$$

电压滞后电流45°

相量模型如图8－10(b)所示。

(c) 以电压 $\dot{U}_{abm}$ 为基准

电感感纳 $$B_L = -\frac{1}{\omega L} = -\frac{1}{10}\mathrm{S}$$

$$Y_{ab} = \frac{1}{10} - \mathrm{j}\frac{1}{10} = (0.1 - \mathrm{j}0.1)\mathrm{S} = 0.1414\angle -45^\circ\ \mathrm{S}$$

电流滞后电压 45°。

相量模型如图 8－10(c) 所示。

(d) 以电压 $\dot{U}_{abm}$ 为基准

电感感纳 $$B_L = -\frac{1}{\omega L} = -0.1\mathrm{S}$$

电容容纳 $$B_C = \omega C = 0.2\mathrm{S}$$

$$Y_{ab} = \mathrm{j}(B_L + B_C) = \mathrm{j}0.1\mathrm{S} = 0.1\angle 90^\circ\ \mathrm{S}$$

$\dot{I}_m$ 超前 $\dot{U}_{abm}$ 90°。

相量模型如图 8－10(d) 所示。

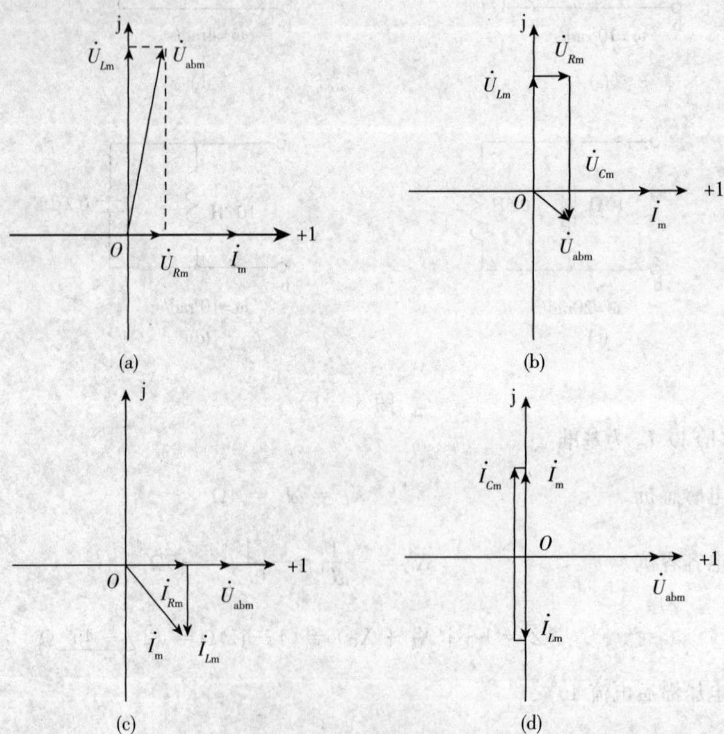

图 8－10

8－12 电路如图 8－11 所示，已知 $u_S = 100\cos(20t)$ V。

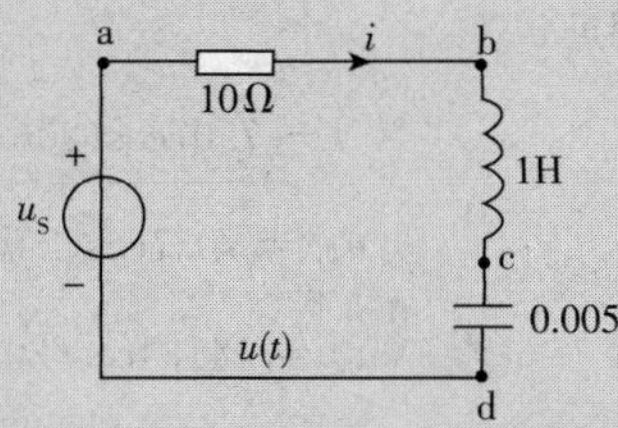

图 8－11

(1) 计算 $\dot{I}_m$、$\dot{U}_{abm}$、$\dot{U}_{bcm}$ 和 $\dot{U}_{cdm}$；

(2) 绘相量图表明(1) 中各相量；

(3) 求 $\dot{I}_m$ 和 $\dot{U}_{adm}$ 的相位关系；

(4) 写出 i、u_{ab}、u_{bc} 及 u_{cd}。

解题过程 (1)$\dot{U}_m = 100\angle 0°$，$\omega = 20\text{rad/s}$，$R = 10\Omega$，$Z_L = \text{j}\omega L = \text{j}20$，$Z_C = \dfrac{1}{\text{j}\omega C} = -\text{j}10$

电路总阻抗为 $Z = 10 + \text{j}\omega L - \dfrac{1}{\text{j}\omega C} = 10 + \text{j}(20 - 10) = (10 + \text{j}10)\Omega = 10\sqrt{2}\angle 45°\ \Omega$

从而
$$\dot{I}_m = \frac{\dot{U}_{Sm}}{Z} = \frac{100\angle 0°}{10\sqrt{2}\angle 45°} = 7.07\angle -45°\ \text{A}$$

$$\dot{U}_{abm} = \dot{I}_m \cdot R = 70.7\angle -45°\ \text{V}$$

$$\dot{U}_{bcm} = \dot{I}_m \cdot \text{j}\omega L = 7.07\angle -45° \cdot \text{j}20 = 141.4\angle -45°\ \text{V}$$

$$\dot{U}_{cdm} = \dot{I}_m \cdot \frac{1}{\text{j}\omega C} = 7.07\angle -45° \cdot (-\text{j}10) = 70.7\angle -135°\ \text{V}$$

(2) 以 $\dot{I}_m$ 为基准，相量图如图 8－12 所示。

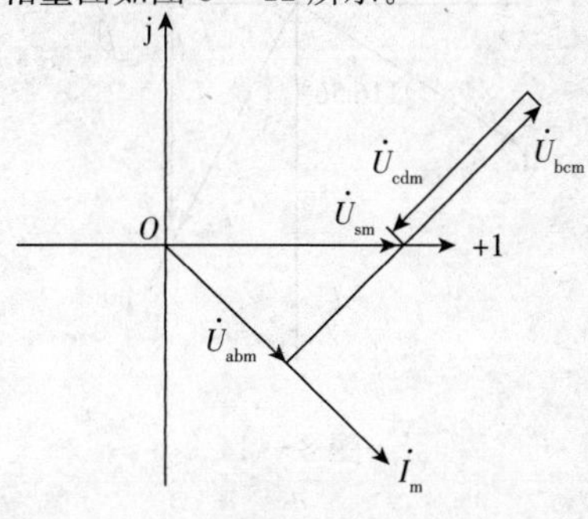

图 8－12

(3)$\dot{U}_{adm}$ 就是 $\dot{U}_{Sm}$，所以 $\dot{I}_m$ 比 $\dot{U}_{adm}$ 滞后 45°。

(4) 根据各振幅相量

$$i = 7.07\cos(20t - 45°)\text{A}$$

$$u_{ab} = 70.7\cos(20t - 45°)\text{V}$$

$$u_{bc} = 141.4\cos(20t + 45°)\text{V}$$

$$u_{cd} = 70.7\cos(20t - 135°)\text{V}$$

8－13　电路如图 8－13 所示，已知 $i_S(t) = \cos(t + 90°)$A，试求稳态电压 $u(t)$，并绘相量图。

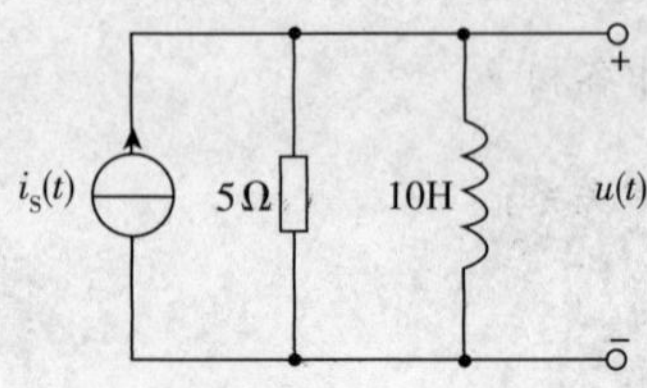

图 8－13

解题过程　用相量形式表示电路中各量得：

$$\dot{I}_{Sm} = 1\angle 90° = \text{j}, \omega = 1 \text{ rad/s}$$

$$\dot{U}_m = \dot{I}_{Sm} \cdot 5//\text{j}10 = \dot{I}_{Sm} \cdot \frac{\text{j}50}{5+\text{j}10} = -\frac{50}{5+\text{j}10} = 4.472\angle 116.56° \text{ V}$$

从而　$$u(t) = 4.472\cos(t + 116.56°)\text{V}$$

相量图如图 8－14 所示。

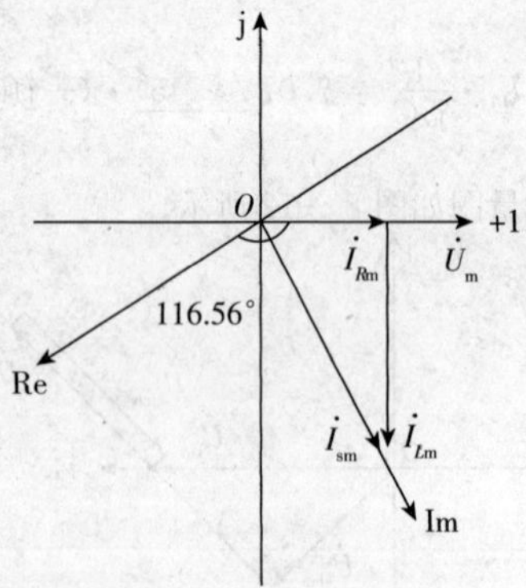

图 8－14

第八节

练习题

8－14 作出图 8－15 所示各电路的相量模型 N_ω，并求 ab 端的阻抗及导纳。ab 端正弦稳态电压与电流的相位关系如何？

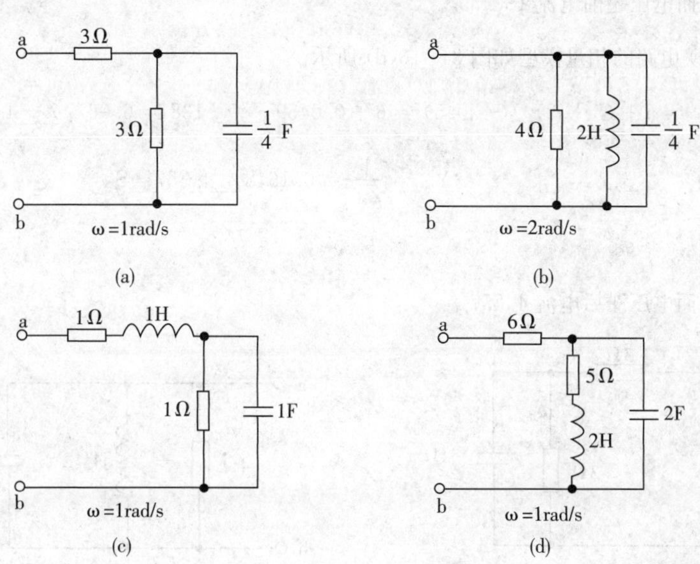

图 8－15

解题过程 (a) 电路相量模型如图 8－16(a) 所示。

$$\omega = 1\ \text{rad/s}$$

$$Z_{ab} = 3 + 3//(-j4) = 3 + \frac{-j12}{3-j4} = 4.92 - j1.44 = 5.1264\angle -16.314^\circ\ \Omega$$

$$Y_{ab} = \frac{1}{Z_{ab}} = 0.1951\angle -16.314^\circ\ \text{S}$$

从而电压滞后电流 16.314°。

(b) 电路的相量模型如图 8－16(b) 所示。由于是并联电路，所以先求导纳。

$$Y_{ab} = 0.25 + \frac{1}{j4} - \frac{1}{j2} = 0.25 - j0.25 + j0.5 = 0.25 + j0.25 = 0.3546\angle 45^\circ\ \text{S}$$

$$Z_{ab} = \frac{1}{Y_{ab}} = 2.828\angle -45^\circ\ \Omega$$

从而电压滞后电流 －45°。

(c) 电路的相量模型为如图 8－16(c) 所示。

$$Z_{ab}=1+j1+1//(-j1)=1+j+\frac{-j}{1-j}=\frac{3}{2}+\frac{1}{2}j=1.581\angle 18.435^\circ\ \Omega$$

$$Y_{ab}=\frac{1}{Z_{ab}}=0.6325\angle -18.435^\circ\ S$$

从而电压超前电流 18.435°。

(d) 电路的相量模型如图 8－16(d) 所示。

$$Z_{ab}=6+(5+j2)//(-j0.5)=6+0.0459-j0.5138=6.0677\angle -4.857^\circ\ \Omega$$

$$Y_{ab}=\frac{1}{Z_{ab}}=0.1648\angle 4.857^\circ\ S$$

从而电压滞后电流 4.857°。

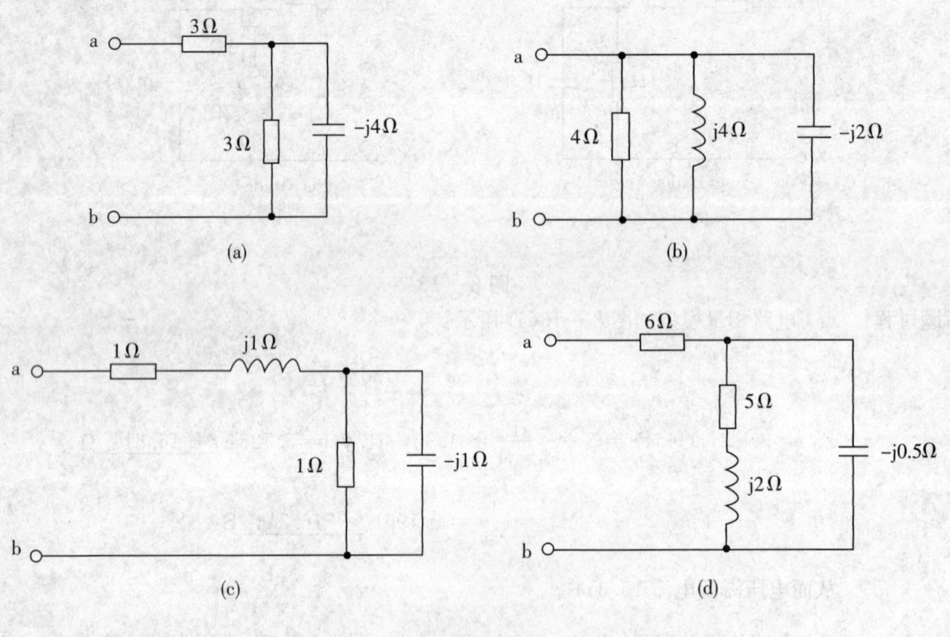

图 8－16

8－15 电路相量模型如图 8－17 所示，试用分压关系求 $\dot{U}_{abm}$ 和 $\dot{U}_{bcm}$ 并用相量图表明 $\dot{U}_{m}$、$\dot{U}_{abm}$、$\dot{U}_{bcm}$ 之间的关系。

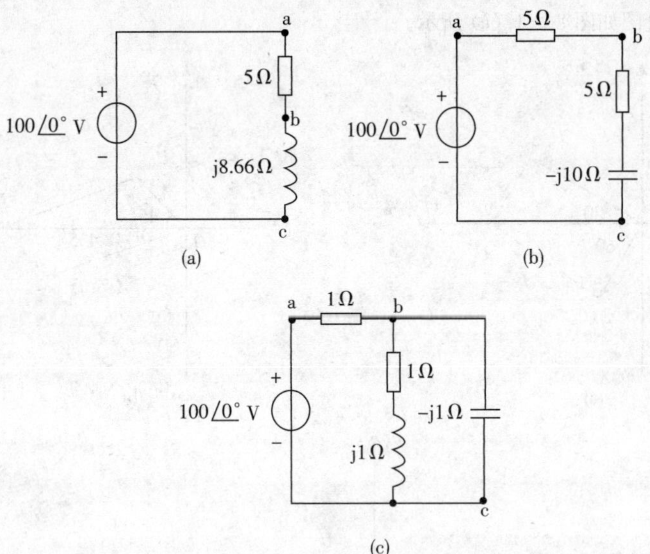

图 8－17

解题过程 (a)$\dot{U}_{\mathrm{abm}}=100\angle 0^\circ\cdot\dfrac{5}{5+\mathrm{j}8.66}=25-\mathrm{j}43.3=50\angle -60^\circ\ \mathrm{V}$

$$\dot{U}_{\mathrm{bcm}}=100\angle 0^\circ\cdot\frac{\mathrm{j}8.66}{5+\mathrm{j}8.66}=75+\mathrm{j}43.3=86.6\angle 30^\circ\ \mathrm{V}$$

相量图如图 8－18(a) 所示。

(b)$\dot{U}_{\mathrm{abm}}=\dot{U}_{\mathrm{m}}\cdot\dfrac{5}{5+5-\mathrm{j}10}=100\dfrac{5}{10-\mathrm{j}10}=25+\mathrm{j}25=35.36\angle 45^\circ\ \mathrm{V}$

$$\dot{U}_{\mathrm{bcm}}=\dot{U}_{\mathrm{m}}\cdot\frac{5-\mathrm{j}10}{5+5-\mathrm{j}10}=100\frac{5-\mathrm{j}10}{10-\mathrm{j}10}=75-\mathrm{j}25=79.057\angle -18.435^\circ\ \mathrm{V}$$

相量图如图 8－18(b) 所示。

(c)bc 间阻抗为

$$Z_{\mathrm{bc}}=(1+\mathrm{j})//(-\mathrm{j})=\frac{(1+\mathrm{j})(-\mathrm{j})}{1+\mathrm{j}-\mathrm{j}}=(1-\mathrm{j})\Omega$$

所以 $\dot{U}_{\mathrm{abm}}=\dot{U}_{\mathrm{m}}\dfrac{1}{1+1-\mathrm{j}}=\dfrac{100}{2-\mathrm{j}}=40+\mathrm{j}20=44.72\angle 26.57^\circ\ \mathrm{V}$

$$\dot{U}_{\mathrm{bcm}}=\dot{U}_{\mathrm{m}}\frac{1-\mathrm{j}}{1+1-\mathrm{j}}=\frac{100(1-\mathrm{j})}{2-\mathrm{j}}=60-\mathrm{j}20=63.246\angle -18.435^\circ\ \mathrm{V}$$

相量图如图 8－18(c) 所示。

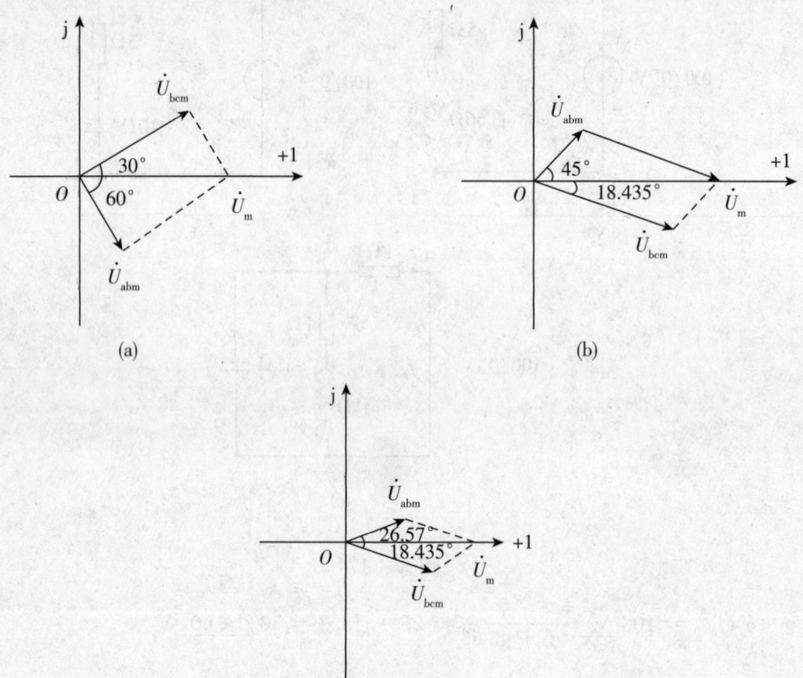

图 8－18

8－16 电路相量模型如图 8－19 所示，试用分流公式求每一支路的电流。并用相量图表明各电流相量之间的关系。

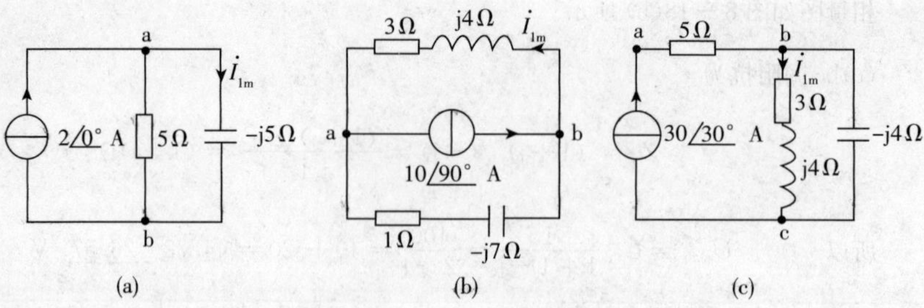

图 8－19

解题过程 (a)$\dot{I}_{1m}=\dot{I}_{Sm}\dfrac{5}{5-j5}=1+j=1.41\angle 45^\circ$ A

$\dot{I}_{2m}=\dot{I}_{Sm}\dfrac{-j5}{5-j5}=1-j=1.41\angle -45^\circ$ A

相量图如图 8－20(a) 所示。

(b)$\dot{I}_{1m}=\dot{I}_{Sm}\dfrac{1-j7}{3+j4+1-j7}=\dfrac{10j\cdot(1-j7)}{4-j3}=10+j10=14.1\angle -45^\circ$ A

$\dot{I}_{2m}=\dot{I}_{Sm}\dfrac{3+j4}{3+j4+1-j7}=\dfrac{10j(3+j4)}{4-j3}=-10$A

相量图如图 8－20(b) 所示。

(c)$\dot{I}_{1m}=\dot{I}_{Sm}\cdot\dfrac{-j4}{3+j4-j4}=\dfrac{4}{3}\angle -90^\circ\cdot 30\angle 30^\circ=40\angle -60^\circ$ A

$\dot{I}_{2m}=\dot{I}_{Sm}\cdot\dfrac{3+j4}{3+j4-j4}=30\angle 30^\circ\cdot\dfrac{5}{3}\angle 53.13^\circ=50\angle 83.13^\circ$ A

相量图如图 8－20(c) 所示。

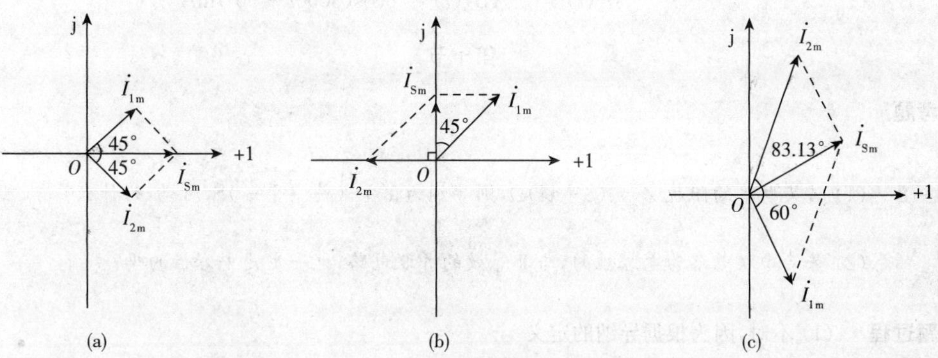

图 8－20

第九节

练习题

8－17 电路如图 8－21 所示，图中 $r=200\Omega$，求稳态电流 $i_1(t)$ 和 $i_2(t)$。

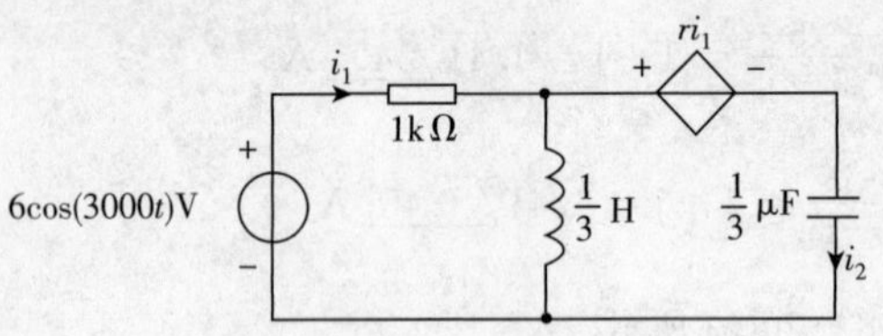

图 8－21

解题过程 $Z_L = \mathrm{j}1000\Omega, Z_C = -\mathrm{j}1000\Omega, \omega = 3000\mathrm{rad/s}$

网孔电流相量方程为

$$\begin{cases}(1000+\mathrm{j}1000)\dot{I}_{1\mathrm{m}} - \mathrm{j}1000\dot{I}_{2\mathrm{m}} = 6 & ① \\ (\mathrm{j}1000-\mathrm{j}1000)\dot{I}_{2\mathrm{m}} - \mathrm{j}1000\dot{I}_{1\mathrm{m}} + 200\dot{I}_{1\mathrm{m}} = 0 & ②\end{cases}$$

由 ② 式可得 $\dot{I}_{1\mathrm{m}} = 0\mathrm{A}$

所以 $\dot{I}_2 = -\dfrac{6}{-\mathrm{j}1000} = \mathrm{j}6\times10^{-3}\mathrm{A} = 6\times10^{-3}\angle 90^\circ\ \mathrm{A}$

$$i_1(t) = 0\ \mathrm{A}, i_2(t) = 6\cos(3000t+90^\circ)\mathrm{mA}$$

第十节

思考题

8－8 (1) 若某电路的阻抗 $Z=(3+\mathrm{j}4)\Omega$，则导纳为 $Y=(\frac{1}{3}+\mathrm{j}\frac{1}{4})\mathrm{S}$，对吗，为什么？

(2) 若某串联电路为电容性的，与其等效的并联电路，也一定是电容性的吗？

解题过程 (1) 不对，因为根据导纳的定义

$$Y = \frac{1}{Z} = \frac{1}{3+\mathrm{j}4} = \frac{1}{25}(3-\mathrm{j}4)$$

(2) 电路的容性与感性是对 Z 的虚部正负号而言的，而等效电路的 Z 对外部电路而言都是相同的，所以一定是容性的。

练习题

8－18 若在某频率时，图 8－22 所示相量模型的阻抗 $Z=(5+\mathrm{j}10)\Omega$，问该频率时，等效的并联相量模型如何？

解题过程 先计算导纳 $Y_{ab} = (0.04-\mathrm{j}0.08)\mathrm{S}$

所以等效为 $R' = \frac{1}{0.04}\Omega = 25\Omega$ 的电阻和 $X = \frac{1}{0.08}\Omega = 12.5\Omega$ 电感并联。

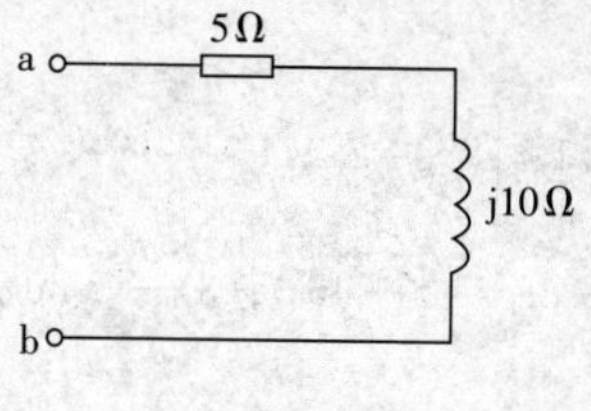

图 8－22

8－19 求图 8－23 所示电路的戴维南等效相量模型。

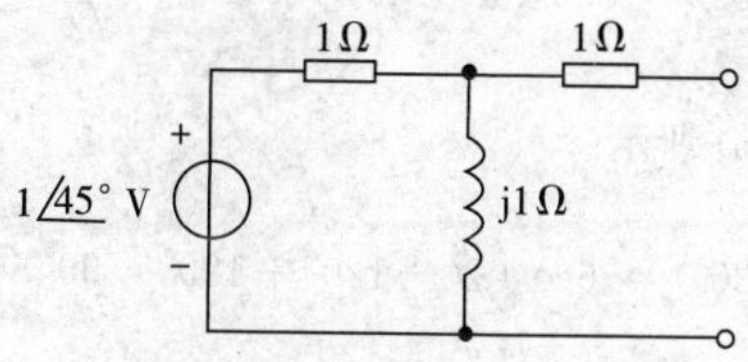

图 8－23

解题过程 开路电压为

$$\dot{U}_{ocm} = 1\angle 45^\circ \cdot \frac{j1}{1+j1} = \frac{1\times 1}{\sqrt{2}} \cdot \angle 45^\circ + 90^\circ - 45^\circ = \frac{1}{\sqrt{2}}\angle 90^\circ \text{ V}$$

将独立源置零，对外输出阻抗为

$$Z_O = 1 + 1//j1 = (1 + \frac{j}{1+j})\Omega = (1 + \frac{1+j}{2})\Omega = (\frac{3}{2} + j\frac{1}{2})\Omega$$

所以此电路的戴维南相量等效模型如图 8－24 所示。

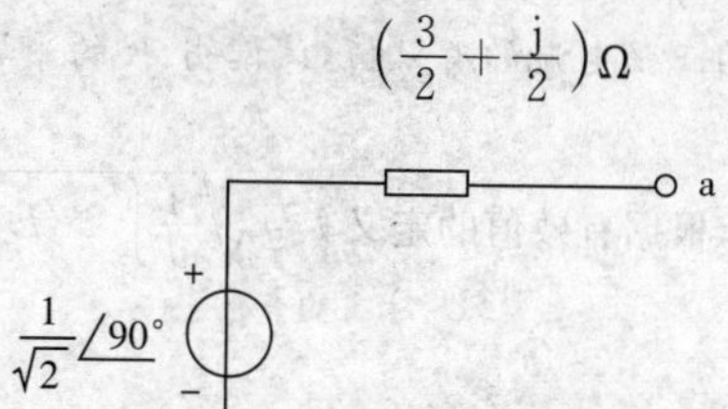

$(\frac{3}{2} + \frac{j}{2})\Omega$

a

$\frac{1}{\sqrt{2}}\angle 90^\circ$ +

−

b

图 8－24

第十一节

练习题

8－20 求代表下列各正弦波的相量$\left[\text{以}\dfrac{1}{\sqrt{2}}\angle 0^\circ \text{代表} \cos(\omega t)\right]$,并绘相量图:

(1)$5\sin(\omega t+30^\circ)$;(2)$-8\cos(\omega t-45^\circ)$;(3)$-6\sin(\omega t-120^\circ)$。

解题过程 (1)$5\sin(\omega t+30^\circ)=5\cos(\omega t+30^\circ-90^\circ)=\dfrac{5}{\sqrt{2}}\angle -60^\circ$

相量图如图 8－25(a) 所示。

(2)$-8\cos(\omega t-45^\circ)=8\cos(\omega t-45^\circ+180^\circ)=\dfrac{8}{\sqrt{2}}\angle 135^\circ$

相量如图 8－25(b) 所示。

(3)$-6\sin(\omega t-120^\circ)=6\cos(\omega t-120^\circ+180^\circ-90^\circ)=\dfrac{6}{\sqrt{2}}\angle -30^\circ$

相量图如图 8－25(c) 所示。

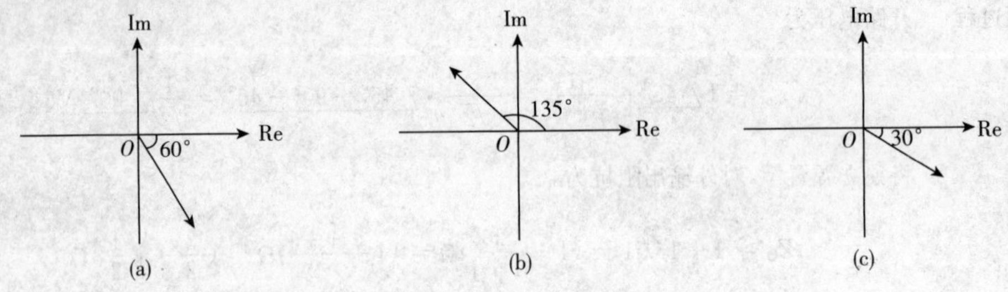

图 8－25

8－21 若 I 为流过电阻 R 的正弦电流的有效值,试证明:R 的平均功率 $P=RI^2$。

证明 I 是电流 $i(t)$ 的有效值,根据有效值的定义 $I=\sqrt{\dfrac{1}{T}\int_0^T i^2(t)\mathrm{d}t}$,其中 T 是 $i(t)$ 的周期。R 的瞬时功率为

$$P(t)=i^2(t)\cdot R$$

所以 R 的平均功率为

$$P=\frac{1}{T}\int_0^T P(t)\mathrm{d}t=\frac{1}{T}\int_0^T i^2(t)\cdot R\mathrm{d}t=(\frac{1}{T}\int_0^T i^2(t)\mathrm{d}t)\cdot R=I^2R$$

8－22 求下列各相量所代表的正弦电压或电流，已知 $f=50\text{Hz}$：

(1) $\frac{10}{\sqrt{2}}\angle 30^\circ$ V；(2) $-0.25\angle -30^\circ$ V；(3) $-0.69\angle 30^\circ$ A。

逻辑推理 本题的目的在于体会频率在正弦电压或电流中的作用，重点在于求出 ω。

解题过程 $\omega=2\pi f=100\pi$

(1) $u(t)=10\cos(100\pi t+30^\circ)\text{V}$

(2) $u(t)=-\frac{\sqrt{2}}{4}\cos(100\pi t-30^\circ)\text{V}$

(3) $i(t)=-0.69\sqrt{2}\cos(100\pi t+30^\circ)\text{A}$

第十二节

思考题

8－9 若同频率正弦电流 $i_1(t)$ 及 $i_2(t)$ 的有效值为 I_1 及 I_2，$i_1(t)+i_2(t)$ 的有效值为 I，问下列关系是否可能存在？

(1) $I_1+I_2=I$；

(2) $I_1-I_2=I$；

(3) $I_1^2+I_2^2=I^2$。

解题过程 (1) i_1 和 i_2 同相位时

$$i_1+i_2=\sqrt{2}I_1\cos(\omega t+\varphi)+\sqrt{2}I_2\cos(\omega t+\varphi)$$

$$=\sqrt{2}(I_1+I_2)\cos(\omega t+\varphi)$$

所以 $$I=I_1+I_2$$

(2) i_1 和 i_2 相位差 180° 时

$$i_1+i_2=\sqrt{2}I_1\cos(\omega t+\varphi)+\sqrt{2}I_2\cos(\omega t+\varphi+180^\circ)$$

$$=\sqrt{2}I_1\cos(\omega t+\varphi)-\sqrt{2}I_2\cos(\omega t+\varphi)$$

$$=\sqrt{2}(I_1-I_2)\cos(\omega t+\varphi)$$

所以 $$I=I_1-I_2$$

(3) i_1 和 i_2 相位差 90° 时

$$i_1+i_2=\sqrt{2}I_1\cos(\omega t+\varphi)+\sqrt{2}I_2\cos(\omega t+\varphi+90°)$$

$$=\sqrt{2}I_1\cos(\omega t+\varphi)+\sqrt{2}I_2\sin(\omega t+\varphi)$$

$$=$$

$$\sqrt{2}\sqrt{I_1^2+I_2^2}\left[\frac{I_1}{\sqrt{I_1^2+I_2^2}}\cos(\omega t+\varphi)+\frac{I_2}{\sqrt{I_1^2+I_2^2}}\sin(\omega t+\varphi)\right]$$

$$=\sqrt{2}\cdot\sqrt{I_1^2+I_2^2}\cdot\cos(\omega t+\varphi+\theta)\ (\theta=arc\cos\frac{I_1}{\sqrt{I_1^2+I_2^2}})$$

所以 $$I=\sqrt{I_1^2+I_2^2}$$

练习题

8－23 图 8－26 所示电路中，各电压表指示有效值，试求电压表 V_2 的读数。

解题过程 因为 $\dot{U}_1$ 是纯电阻的电压，$\dot{U}_2$ 是纯电感的电压，所以 $\dot{U}_2$ 比 $\dot{U}_1$ 超前 90°。

所以 $$V_3^2=V_1^2+V_2^2$$

$$V_2=\sqrt{V_3^2-V_1^2}=\sqrt{100^2-60^2}=80\text{V}$$

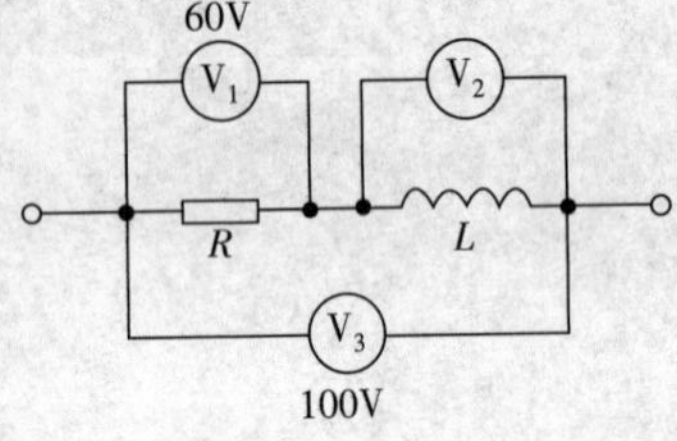

图 8－26

课后习题全解

8－1 逻辑推理 该类题目的原则是：加减法用实虚部形式，乘除法用幅值、角度形式。

解题过程 (1)$6\angle 15°-4\angle 40°+7\angle -60°$

$=5.8+\text{j}1.553-3.064-\text{j}2.571+3.5-\text{j}6.062$

$=5.8+3.5-3.064+\text{j}(1.553-2.571-6.062)$

$= 6.236 - j7.08 = 9.435\angle -48.63^\circ$

(2) $\dfrac{(10+j33)(4+j5)(6-j4)}{7+j3}$

$= \dfrac{34.48\angle 73.14^\circ \times 6.4\angle 51.34^\circ \times 7.21\angle -33.69^\circ}{7.62\angle 23.2^\circ} = 208.8\angle 67.59^\circ$

(3) $(2+3\angle 60^\circ)(3\angle 150^\circ + 3\angle 30^\circ)$

$= (2+\dfrac{3}{2}+j\dfrac{3\sqrt{3}}{2})(-\dfrac{3\sqrt{3}}{2}+j\dfrac{2}{3}+\dfrac{3\sqrt{3}}{2}+j\dfrac{3}{2})$

$= (\dfrac{7}{2}+j\dfrac{3\sqrt{3}}{2})(j3) = -\dfrac{9\sqrt{3}}{2}+j\dfrac{21}{2} = -7.79+j10.5$

$= \sqrt{60.68+110.25}\angle \arctan(\dfrac{10.5}{-7.79}) = 13.07\angle 180^\circ - 53.43^\circ$

$= 13.07\angle 126.57^\circ$

(4) $\dfrac{-j17+\dfrac{4}{j}+5\angle 90^\circ}{2.5\angle 45^\circ + 2.1\angle -30^\circ}$

$= \dfrac{-j17-j4+j5}{2.5\times\dfrac{\sqrt{2}}{2}+j(2.5\times\dfrac{\sqrt{2}}{2})+2.1\times\dfrac{\sqrt{3}}{2}-j(2.1\times\dfrac{1}{2})}$

$= \dfrac{-j16}{\dfrac{3.536+3.637}{2}+\dfrac{3.536-2.1}{2}} = \dfrac{-j16}{3.59+j0.718}$

$= \dfrac{-j16}{\sqrt{12.86+0.516}\angle \arctan(\dfrac{0.718}{3.59})} = \dfrac{-j16}{3.66\angle 11.3^\circ}$

$= 4.37\angle -90^\circ - 11.3^\circ = 4.37\angle -101.3^\circ$

8-2 解题过程 $100 + A\cos 60^\circ + jA\sin 60^\circ = 173\cos\theta + j173\sin\theta$

利用实部和虚部应分别相等，得

$$100 + 0.5A = 173\cos\theta$$

$$0.866A = 173\sin\theta$$

[①式]^2 +[②式]^2，得

$$(100+0.5A)^2 + (\frac{\sqrt{3}}{2}A)^2 = 173^2$$

$$A^2+100A-20000=0$$

得

$$A_1=100,A_2=-200$$

由②式得

$$\sin\theta_1=\frac{0.866A_1}{173}=\frac{86.6}{173}=0.5,\theta_1=30^\circ$$

$$\sin\theta_2=\frac{0.866A_2}{173}=-1,\theta_2=-90^\circ$$

8－3 解题过程 (1)(a)$4\cos(2t)+3\sin(2t)=5[\frac{4}{5}\cos(2t)+\frac{3}{5}\sin(2t)]$

$=5[\cos36.8^\circ(2t)+\sin36.9^\circ\sin(2t)]$

$=5\cos(2t-36.8^\circ)$ 其相量为 $5\angle-36.8^\circ$

(b)$-6\sin(5t-70^\circ)=6\cos(5t-75^\circ+90^\circ)=6\cos(5t+15^\circ)$

其相量

$$\dot{B}=6\angle-15^\circ$$

(2)(a)$6-j8=\sqrt{36+64}\angle\arctan\left(\frac{-8}{6}\right)=10\angle-53.1^\circ$

其正弦量

$$10\cos(\omega t-53.1^\circ)$$

注：三角函数式和对应的向量不能用等号。

(b)$-8+j6=10\angle\arctan\left(\frac{6}{-8}\right)=10\angle180^\circ-36.9^\circ=10\angle143.1^\circ$

其正弦量

$$10\cos(\omega t+143.1^\circ)$$

(c)$-j10=10\angle-90^\circ$

其正弦量

$$10\cos(\omega t-90^\circ)$$

8－4 解题过程 $i_1(t)+i_2(t)=\sqrt{2}\cos(\omega t)+[-\sqrt{6}\sin(\omega t)]$

$$=\sqrt{8}[\frac{1}{2}\cos(\omega t)-\frac{\sqrt{3}}{2}\sin(\omega t)]$$

$= 2\sqrt{2}\cos(\omega t + 60°)\text{A}$

8－5 解题过程 $f(t) = 100\cos\omega t - 30\sin\omega t - 150\sin(\omega t - 210°)$

所以 $\dot{F}_{\text{m}} = 100\angle 0° - 30\angle -90° - 150\angle 60° = 25 + \text{j}(30 - 75\sqrt{3})$

$= 103.08\angle -75.96°$

$$f(t) = 103.08\cos(\omega t - 75.96°)$$

8－6 解题过程 两函数的相量分别是 $\dot{F}_{1\text{m}} = 6\angle -72°$，$\dot{F}_{2\text{m}} = 12\angle 60°$。

$\dot{F}_{1\text{m}} + \dot{F}_{2\text{m}} = 1.854 - \text{j}5.706 + 6 + \text{j}10.392 = 7.854 + \text{j}4.686$

$= 9.146\angle 30.822°$

所以 $f_1(t) + f_2(t)$ 的最大值为 9.145。

$\dot{F}_{1\text{m}} - \dot{F}_{2\text{m}} = 1.854 - \text{j}5.706 - 6 - \text{j}10.392 = -4.416 - \text{j}16.098$

$= -16.62\angle 75.56°$

所以 $f_1(t) - f_2(t)$ 的最大值为 16.62。

注：本题也可利用 8－4 的三角形式来计算，利用和差化积公式。

8－7 解题过程 (1) 交换为相量形式

$$\dot{I}_{1\text{m}} = 100\angle 36.86°\ \text{A},\dot{I}_{2\text{m}} = 6\angle 120°\ \text{A}$$

由 KCL 相量形式可得

$$\dot{I}_{\text{m}} = \dot{I}_{1\text{m}} + \dot{I}_{2\text{m}} = (10\angle 36.86° + 6\angle 120°)\text{A}$$

$$= (8 + \text{j}6 - 3 + \text{j}5.196)\text{A} = (5 + \text{j}11.196)\text{A}$$

$$= 12.26\angle 65.94°\ \text{A}$$

反交换得

$$i(t) = 12.26\cos(\omega t + 65.94°)\text{A}$$

相量图如题 8－7 图解(a) 所示。

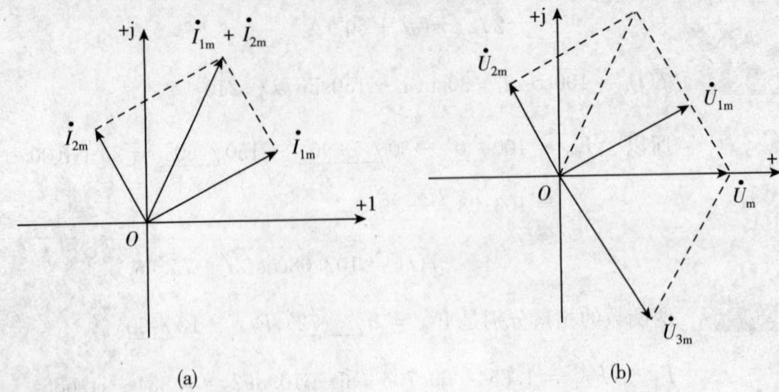

题 8－7 图解

(2)$\dot{U}_{1m}=80\angle 36.9^\circ$ V,$\dot{U}_{2m}=60\angle 126.9^\circ$ V,$\dot{U}_{3m}=120\angle -53.1^\circ$ V

由 KVL 相量形式可得

$$\begin{aligned}\dot{U}_m&=\dot{U}_{1m}+\dot{U}_{2m}+\dot{U}_{3m}\\&=(80\angle 36.9^\circ+60\angle 126.9^\circ+120\angle -53.1^\circ)\text{V}\\&=64+\text{j}48-36+\text{j}48+72-\text{j}96=100\text{V}\end{aligned}$$

所以 $u(t)=100\cos(\omega t)$V,相量图如题 8－7 图解(b) 所示。

8－8 解题过程 由 KVL 的相量形式可知

$$\begin{aligned}\dot{U}_{14m}&=\dot{U}_{12m}-\dot{U}_{32m}+\dot{U}_{34m}=20+\text{j}50+40-\text{j}30+30\angle 45^\circ\\&=(60+15\sqrt{2})+\text{j}(20+15\sqrt{2})\\&=91.07\angle 26.9^\circ\ \text{V}\end{aligned}$$

所以 $$u_{14}(t)=91.07\cos(\omega t+26.9^\circ)\text{V}$$

当 $\omega t=30^\circ$ 时,$u_{14}=91.07\cos 56.9^\circ=47.73$V。

u_{14} 振幅为 91.07V。

8－9 解题过程 (1) 由电阻的 VCR 得

$$\dot{U}_m=12\angle 30^\circ\ \text{V},\dot{I}_{Rm}=\frac{\dot{U}_m}{R}=3\angle 30^\circ\ \text{mA}$$

$$i_R(t)=3\cos(1000t+30^\circ)\text{mA}$$

(2) 由电感的 VCR 得

$$\dot{I}_{Lm}=\frac{\dot{U}_m}{j\omega L}=\frac{12\angle 30^\circ}{20\angle 90^\circ}=0.6\angle -60^\circ\ \text{A}$$

$$i_L(t)=0.6\cos(1000t-60^\circ)\text{A}$$

(3) 由电容的 VCR 得

$$\dot{I}_{Cm}=j\omega C\dot{U}_m=(10^{-3}\angle 90^\circ\times 12\angle 30^\circ)\text{A}=12\angle 120^\circ\ \text{mA}$$

$$i_C(t)=12\cos(1000t+120^\circ)\text{mA}$$

相量图如题 8－9 图解所示。

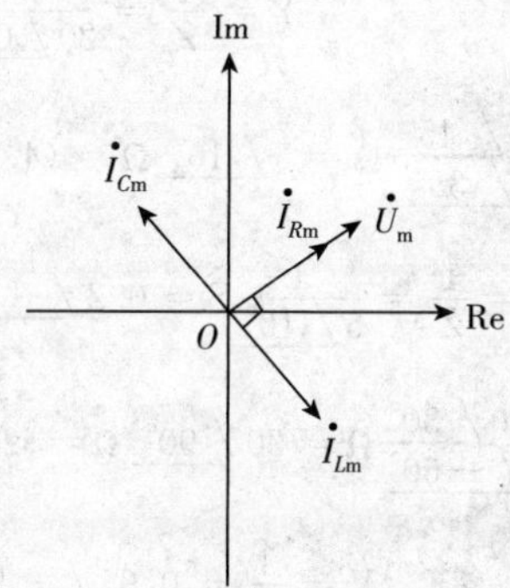

题 8－9 图解

8－10 解题过程 (1) $\frac{\dot{U}_m}{\dot{I}_m}=\frac{1600\angle 20^\circ}{4\angle -70^\circ}\Omega=400\angle 90^\circ\ \Omega$ 由电流滞后电压 90° 可知为电感元件。

$$L=\frac{400}{\omega}=\frac{400}{628}\text{H}=0.637\text{H}$$

(2) $\frac{\dot{U}_m}{\dot{I}_m}=\frac{70\angle 30^\circ}{7\angle 120^\circ}\Omega=10\angle -90^\circ\ \Omega$ 由电流超前电压 90° 可知为电容元件。

$$C=\frac{1}{\omega\times 10}=\frac{1}{314\times 10}\text{F}=318.5\mu\text{F}$$

(3) $\frac{\dot{U}_m}{\dot{I}_m}=\frac{300\angle 45^\circ}{60\angle 45^\circ}\Omega=5\angle 0^\circ\ \Omega$ 由电压电流同相位可知为电阻元件。

(4) $\frac{\dot{U}_m}{\dot{I}_m}=\frac{250\angle 50^\circ}{0.5\angle 140^\circ}\Omega=500\angle -90^\circ\ \Omega$ 由电流超前电压 90° 可知为电容元件。

$$C = \frac{1}{\omega \times 500} = \frac{1}{200 \times 500}\mathrm{F} = 10\mu\mathrm{F}$$

(5) $\frac{\dot{U}_m}{\dot{I}_m} = \frac{3800\angle 60^\circ - 90^\circ}{4\angle 60^\circ}\Omega = 950\angle -90^\circ\ \Omega$ 由电流超前电压 90° 可知为电容元件。

$$C = \frac{1}{\omega \times 950} = \frac{1}{400 \times 950}\mathrm{F} = 2.631\mu\mathrm{F}$$

8－11 解题过程 (1) $Z == \frac{200\angle 0^\circ}{10\angle 0^\circ}\Omega = 20\angle 0^\circ\ \Omega = 20\Omega$

$$Y = \frac{1}{Z} = \frac{1}{20\angle 0^\circ}\mathrm{S} = 0.05\mathrm{S}$$

(2) $Z = \frac{10\angle 45^\circ}{2\angle 35^\circ}\Omega = 5\angle 10^\circ\ \Omega = (4.92 + \mathrm{j}0.87)\Omega$

$$Y = \frac{1}{Z} = \frac{1}{5\angle 10^\circ}\mathrm{S} = 0.2\angle -10^\circ\ \mathrm{S} = (0.196 - \mathrm{j}0.035)\mathrm{S}$$

(3) $Z = \frac{100\angle 30^\circ}{5\angle -60^\circ}\Omega = 20\angle 90^\circ\ \Omega = \mathrm{j}20\Omega$

$$Y = \frac{1}{Z} = 0.05\angle -90^\circ\ \mathrm{S} = -\mathrm{j}0.05\mathrm{S}$$

(4) $Z = \frac{40\angle -17^\circ}{8\angle 0^\circ}\Omega = 5\angle -17^\circ\ \Omega = (4.78 + \mathrm{j}1.46)\Omega$

$$Y = \frac{1}{Z} = 0.2\angle -17^\circ\ \mathrm{S} = (0.1913 - \mathrm{j}0.0585)\mathrm{S}$$

(5) $Z = \frac{100\angle -15^\circ}{1\angle 45^\circ - 90^\circ}\Omega = 100\angle 30^\circ\ \Omega = (86.6 + \mathrm{j}50)\Omega$

$$Y = \frac{1}{Z} = 0.01\angle -30^\circ\ \mathrm{S} = (0.0086 - \mathrm{j}0.005)\mathrm{S}$$

(6) $u(t) = [-5\cos(2t) + 12\sin(2t)]\mathrm{V}$

$$= (-5\angle 0^\circ + 12\angle -90^\circ)\mathrm{V} = (-5 - \mathrm{j}12)\mathrm{V}$$

$$= -13\angle 67.38^\circ\ \mathrm{V} = -13\cos(2t + 67.38^\circ)\mathrm{V}$$

$$Z = \frac{-13\angle 67.38^\circ}{1.3\angle 40^\circ}\Omega = -10\angle 27.38^\circ\ \Omega = 10\angle -152.62^\circ\ \Omega$$

$$Y = \frac{1}{Z} = 0.1\angle 152.62^\circ\ \mathrm{S}$$

(7)$u(t)=\mathrm{Re}[\mathrm{e}^{\mathrm{j}90^\circ}\mathrm{e}^{\mathrm{j}2t}]=\cos(2t+90^\circ)\mathrm{V}$

$$i(t)=\mathrm{Re}[2\angle 45^\circ\cdot \mathrm{e}^{\mathrm{j}(2t+30^\circ)}]=\sqrt{2}\cos(2t+75^\circ)\mathrm{mA}$$

$$Z=\frac{1\angle 90^\circ}{\sqrt{2}\times 10^{-3}\angle 15^\circ}\Omega=707\angle -15^\circ\ \Omega$$

$$Y=\frac{1}{707\angle -15^\circ}\mathrm{S}=1.41\angle 15^\circ\ \mathrm{mS}$$

8－12 **解题过程** (1) 由 $u(t)$ 的表达式可知 $u(t)$ 的振幅相量为 $\dot{U}_{\mathrm{m}}=200\angle 45^\circ\ \mathrm{V}$

$$\dot{U}_{\mathrm{abm}}=\dot{U}_{\mathrm{m}}\cdot\frac{R}{R+\mathrm{j}\omega L}=200\angle 45^\circ\times\frac{200}{200+\mathrm{j}150}=160\angle -8.13^\circ\ \mathrm{V}$$

$$\dot{U}_{\mathrm{bcm}}=\dot{U}_{\mathrm{m}}\cdot\frac{\mathrm{j}\omega L}{R+\mathrm{j}\omega L}=200\angle 45^\circ\times\frac{\mathrm{j}150}{200+\mathrm{j}150}=120\angle 98.13^\circ$$

$$\dot{I}_{\mathrm{m}}=\dot{U}_{\mathrm{m}}\cdot\frac{1}{R+\mathrm{j}\omega L}=0.8\angle 8.13^\circ\ \mathrm{A}$$

电路的相量图如题 8－12 图解所示。

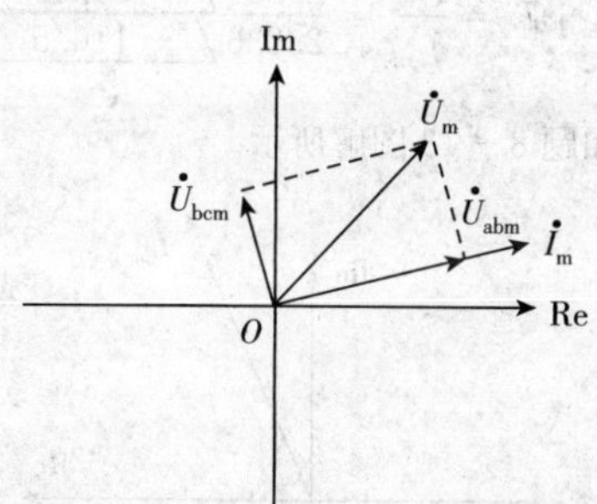

题 8－12 图解

(2) 由幅值相量可得

$$u_{\mathrm{ab}}=160\cos(1000t+8.13^\circ)\mathrm{V}$$

$$u_{\mathrm{bc}}=120\cos(1000t+98.13^\circ)\mathrm{V}$$

$$i=0.8\cos(1000t+8.13^\circ)\mathrm{A}$$

(3)u_{ab} 和 u_{bc} 间相位差 90°，u_{ab} 滞后。

8－13 **解题过程** $\dot{U}_{\mathrm{m}}=-\mathrm{j}+2=(2-\mathrm{j})\mathrm{V}$

所以 $\dot{I}_{Rm}=\dfrac{\dot{U}_m}{R}=(2-j)A=2.236\angle -26.56°\ A$

$$\dot{I}_{Cm}=j\omega C\cdot\dot{U}_m=(2-j)\cdot j7=(7+j14)A=15.68\angle 63.44°\ A$$

由 KCL 得

$$\dot{I}_{Lm}=\dot{I}_m-\dot{I}_{Rm}-\dot{I}_{Cm}=8+11j-(2-j)-(7+14j)$$

$$=-1-j2=2.236\angle -116.56°\ A$$

从而 $\dot{I}_{Lm}=\dfrac{\dot{U}_m}{j\omega L},L=\dfrac{\dot{U}_m}{j\omega\dot{I}_{Lm}}=\dfrac{2-j}{2-j}=1H$

由各幅值相量可得

$$i_R(t)=(2\cos t+\sin t)A=2.236\cos(t-26.56°)$$

$$i_C(t)=15.68\cos(t+63.44°)A$$

$$i_L(t)=2.236\cos(t-116.5°)A$$

$$j\omega L=\frac{\dot{U}_m}{\dot{I}_{Lm}}=\frac{2.236\angle -26.56°}{2.236\angle -116.5°}=1\angle 90°\ \Omega,L=1H$$

其相量如题 8－13 图解所示。

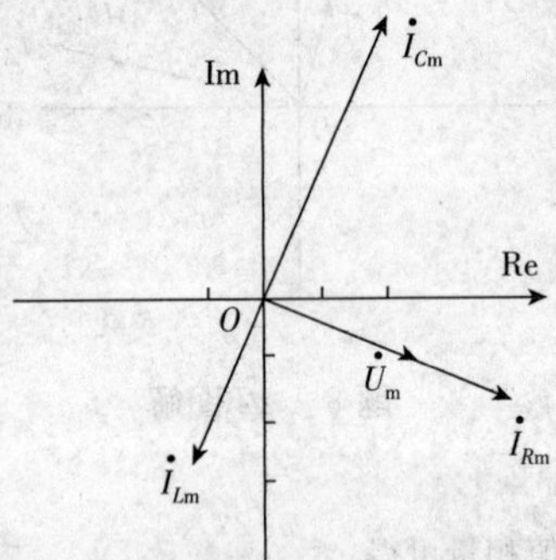

题 8－13 图解

8－14 解题过程 $\dot{I}_{1m}=\dfrac{\dot{U}_{abm}}{5+j15}=\dfrac{100}{5(1+j3)}=(2-j6)A$

$$\dot{I}_{2m}=\frac{\dot{U}_{abm}}{10}=10A,\dot{I}_{3m}=\frac{\dot{U}_{abm}}{-j10}=j10A$$

$$\dot{I}_{0m}=\dot{I}_{1m}+\dot{I}_{2m}+\dot{I}_{3m}=2-j6+10+j10$$

$$=(12+j4)A$$

将各电压电流画相量如题 8－14 图解所示。

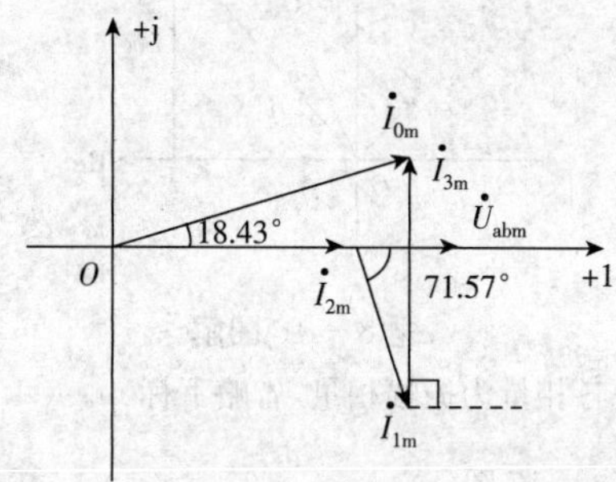

题 8－14 图解

从图中可以看出，$\dot{I}_{0m}$ 超前于 $\dot{U}_m$ 18.435°。

$\dot{I}_{3m}+\dot{I}_{2m}+\dot{I}_{1m}$ 三相量相加后，顶点和 $\dot{I}_{0m}$ 重合，说明 $\dot{I}_{0m}=\dot{I}_{1m}+\dot{I}_{2m}+\dot{I}_{3m}$。

8－15 **解题过程** 分析电路知 R 与 L 并联后与 C 串联。

R 与 L 并联 $\qquad Z=\dfrac{\mathrm{j}1}{1+\mathrm{j}1}=(0.5+\mathrm{j}0.5)\Omega$

由分压关系

$$\dot{U}_{om}=\dot{U}_{sm}\frac{-\mathrm{j}}{0.5+\mathrm{j}0.5-\mathrm{j}1}=\frac{U_{sm}\angle 0^\circ\times\angle -90^\circ}{\dfrac{\sqrt{2}}{2}\angle -45^\circ}=\sqrt{2}U_{sm}\angle -45^\circ$$

$$u_O(t)=\sqrt{2}U_{sm}\cos(t-45^\circ)\mathrm{V}$$

8－16 **解题过程** $\qquad \omega=2\mathrm{rad/s},\dot{U}_C=\sqrt{2}\angle 0^\circ\ \mathrm{V}$

由分压关系

$$\dot{U}_s=\left(1+\frac{2+\mathrm{j}2}{\dfrac{-\mathrm{j}4}{2-\mathrm{j}2}}\right)\dot{U}_C=(1-\frac{8}{\mathrm{j}4})\dot{U}_C=(1+\mathrm{j}2)\times\sqrt{2}\angle 0^\circ$$

$$=3.162\angle 63.43^\circ\ \mathrm{V}$$

所以

$$u_S(t)=3.162\cos(2t+63.43^\circ\mathrm{V})$$

所有电压、电流的相量图如题 8－16 图解所示。

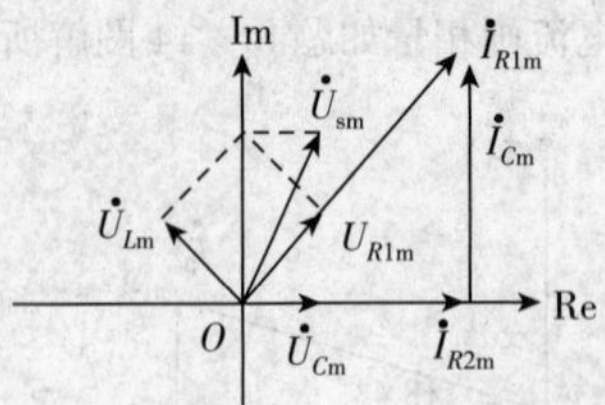

题 8－16 图解

8－17 解题过程 解答中各相量为振幅相量，省略下标 m。

(1) 题 8－17 图(a)：

$$\dot{U}_{ab}=\frac{\dfrac{200}{j10-j20}}{10+\dfrac{200}{j10-j20}}\times 20\underline{/0^\circ}\ \mathrm{V}$$

$$=\frac{20}{1-j0.5}\mathrm{V}=\frac{20}{1.12\underline{/-26.56^\circ}}\mathrm{V}$$

$$=17.86\underline{/26.56^\circ}\ \mathrm{V}$$

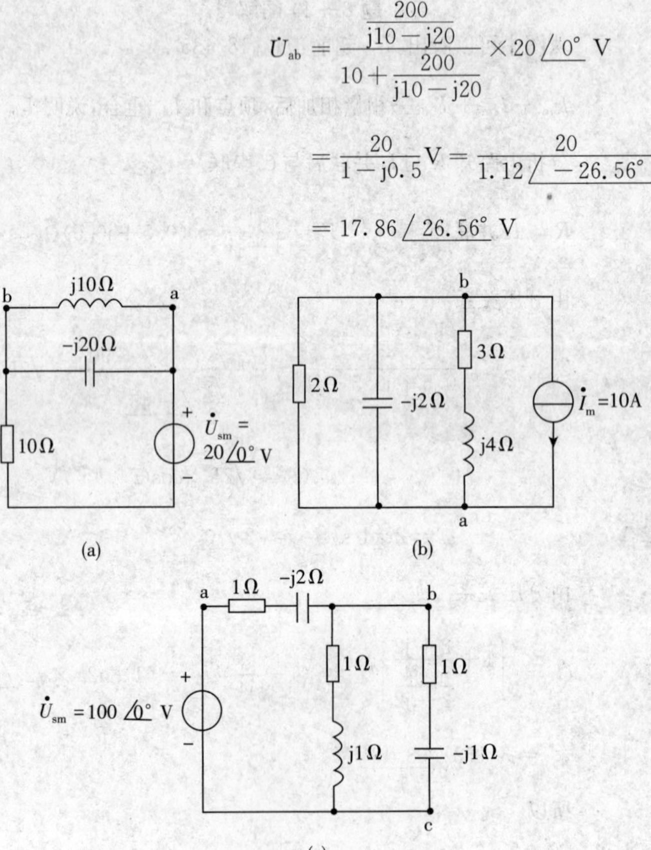

题 8－17 图

所以

$$\dot{I}_L = \frac{\dot{U}_{ab}}{j10\Omega} = \frac{17.86\angle 26.56^\circ}{10\angle 90^\circ}\text{A} = 1.786\angle -63.44^\circ \text{ A}$$

$$\dot{I}_C = \frac{\dot{U}_{ab}}{-j20\Omega} = \frac{17.86\angle 26.56^\circ}{20\angle -90^\circ}\text{A} = 0.893\angle 116.56^\circ \text{ A}$$

$$\dot{U}_R = 20\angle 0^\circ \text{ V} - \dot{U}_{ab} = (20 - 17.86\angle 26.56^\circ)\text{V}$$

$$= (20 - 15.98 - j7.99)\text{V} = (4.02 - j7.99)\text{V}$$

$$= 8.944\angle -63.44^\circ \text{ V}$$

$$\dot{I}_R = \frac{\dot{U}_R}{10} = 0.8944\angle -63.44^\circ \text{ A}$$

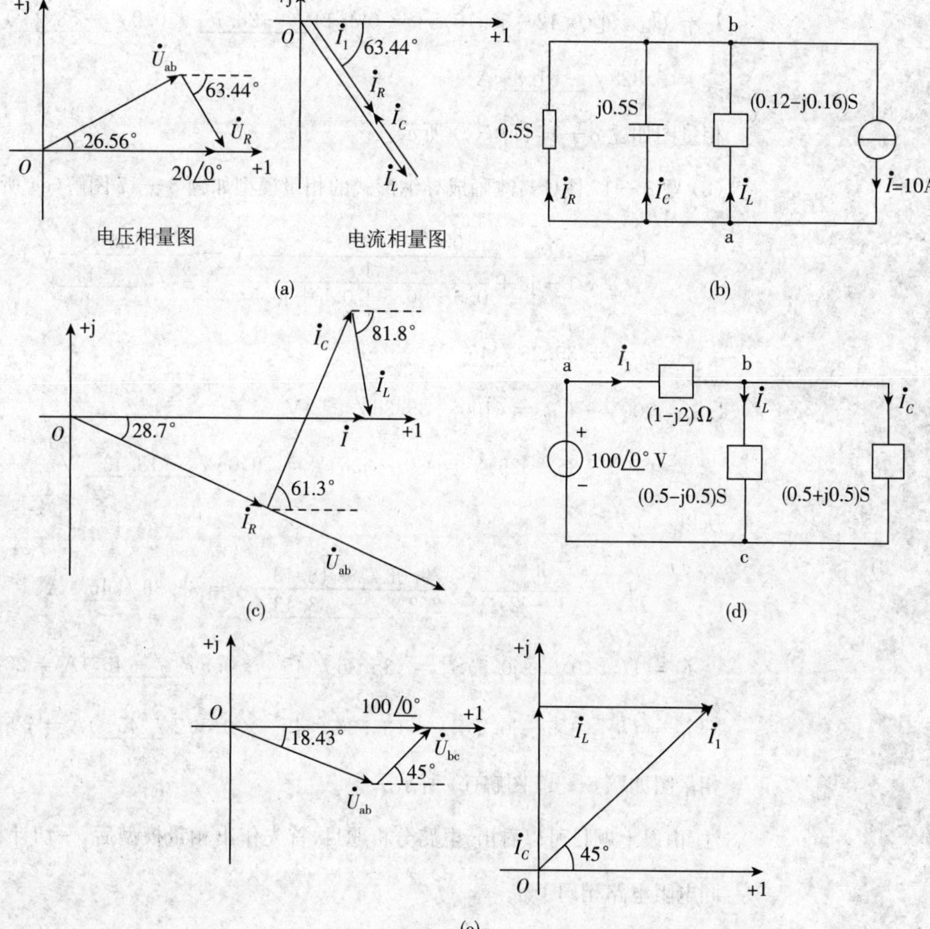

题 8－17 图解

相量图如题 8－17 图解(a) 所示。电流相量图表明 $\dot{I}_L+\dot{I}_C=\dot{I}_R$。

(2) 题 8－17 图(b)：对并联电路使用导纳方便，画出导纳形式表示的相量模型如题 8－17 图解(b) 所示。

$$\dot{U}_{\mathrm{ab}}=\frac{10}{0.5+\mathrm{j}0.5+0.12-\mathrm{j}0.16}\mathrm{V}=\frac{10}{0.62+\mathrm{j}0.34}\mathrm{V}$$

$$=\frac{10}{0.707\angle 28.7^\circ}\mathrm{V}=14.14\angle -28.7^\circ\ \mathrm{V}$$

$$\dot{I}_R=\dot{U}_{\mathrm{ab}}\times(0.5\mathrm{S})=7.07\angle -28.7^\circ\ \mathrm{A}$$

$$\dot{I}_C=\dot{U}_{\mathrm{ab}}\times(\mathrm{j}0.5\mathrm{S})=7.07\angle 61.3^\circ\ \mathrm{A}$$

$$\dot{I}_L=\dot{U}_{\mathrm{ab}}\times[(0.12-\mathrm{j}0.16)\mathrm{S}]=(14.14\angle -28.7^\circ\times 0.2\angle -53.1^\circ)\mathrm{A}$$

$$=2.828\angle -81.8^\circ\ \mathrm{A}$$

相量图如题 8－17 图解(c) 所示。

(3) 题 8－17 图(c)：改画成导纳形式的相量模型如题 8－17 图解(d) 所示。

$$\dot{U}_{\mathrm{bc}}=\frac{100\angle 0^\circ\times 1}{1-\mathrm{j}2+\dfrac{1}{0.5-\mathrm{j}0.5+0.5+\mathrm{j}0.5}}\mathrm{V}=\frac{100}{2\sqrt{2}\angle -45^\circ}\mathrm{V}$$

$$=35.36\angle 45^\circ\ \mathrm{V}$$

$$\dot{U}_{\mathrm{ab}}=100\mathrm{V}-\dot{U}_{\mathrm{bc}}=(100-35.36\angle 45^\circ)\mathrm{V}$$

$$=(100-25-\mathrm{j}25)\mathrm{V}=(75-\mathrm{j}25)\mathrm{V}=79.06\angle -18.43^\circ\ \mathrm{V}$$

所以

$$\dot{I}_1=\frac{\dot{U}_{\mathrm{ab}}}{(1-\mathrm{j}2)\Omega}=\frac{79.06\angle -18.43^\circ}{2.236\angle -63.43^\circ}\mathrm{A}=35.36\angle 45^\circ\ \mathrm{A}$$

$$\dot{I}_L=\dot{U}_{\mathrm{bc}}[(0.5-\mathrm{j}0.5)\mathrm{S}]=(35.36\angle 45^\circ\times 0.5\sqrt{2}\angle -45^\circ)\mathrm{A}=25\mathrm{A}$$

$$\dot{I}_C=\dot{U}_{\mathrm{bc}}[(0.5+\mathrm{j}0.5)\mathrm{S}]=(35.36\angle 45^\circ\times 0.5\sqrt{2}\angle 45^\circ)\mathrm{A}=\mathrm{j}25\mathrm{A}$$

相量图如题 8－17 图解(e) 所示。

注：由以上题目可以看出，电路分析题目，首先作出相量模型后，一切计算便同电阻电路相同了。

8－18　解法一　网孔法：首先定义两个网孔电流，其方向如题 8－18 图解所示。所以可得网孔电流

方程为

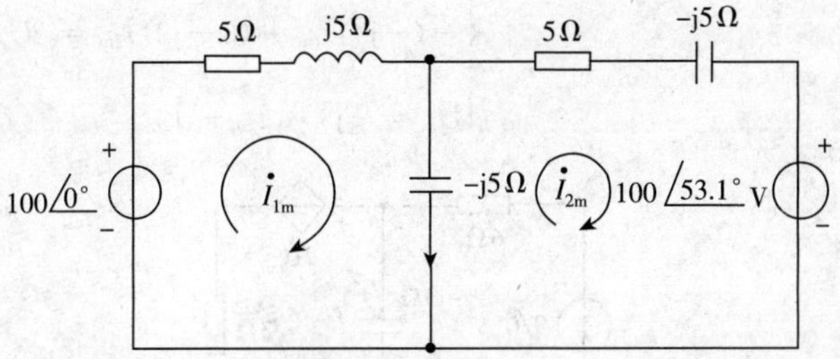

题 8－18 图解

$$\begin{cases}(5+\mathrm{j}5-\mathrm{j}5)\dot{I}_{1m}-(-\mathrm{j}5)\dot{I}_{2m}=100\angle 0^\circ \\ -(-\mathrm{j}5)\dot{I}_{1m}+(5-\mathrm{j}5-\mathrm{j}5)\dot{I}_{2m}=-100\angle 53.1^\circ\end{cases}$$

整理得

$$\begin{cases}5\dot{I}_{1m}+\mathrm{j}5I_{2m}=100 \\ \mathrm{j}5\dot{I}_{1m}+(5-\mathrm{j}10)\dot{I}_{2m}=-60-\mathrm{j}80\end{cases}$$

解得

$$(-10+\mathrm{j}10)\dot{I}_{2m}=100\mathrm{j}+60+\mathrm{j}80=60(1+\mathrm{j}3)$$

$$\dot{I}_{2m}=6\times\frac{1+\mathrm{j}3}{-1+\mathrm{j}}=(6-\mathrm{j}12)\mathrm{A}$$

$$\dot{I}_{1m}=20-\mathrm{j}\dot{I}_{2m}=(8-\mathrm{j}6)\mathrm{A}$$

所以 $$\dot{I}_{0m}=\dot{I}_{1m}-\dot{I}_{2m}=(2+\mathrm{j}6)\mathrm{A}$$

解法二　节点法：定义电路中唯一的节点为①，电压为$\dot{U}_m$。

$$\frac{\dot{U}_m-100}{5+\mathrm{j}5}+\frac{\dot{U}_m}{-\mathrm{j}5}+\frac{\dot{U}_m-100\angle 53.1^\circ}{5-\mathrm{j}5}=0$$

$$\frac{\dot{U}_m-100}{2}\cdot(1-\mathrm{j})+\dot{U}_m j+(\dot{U}_m-100\angle 53.1^\circ)\cdot\frac{1+\mathrm{j}}{2}=0$$

$$(1+\mathrm{j})\dot{U}_m=50(1-\mathrm{j})+(30+\mathrm{j}40)(1+\mathrm{j})=40+\mathrm{j}20$$

解得 $$\dot{U}_m=(30-\mathrm{j}10)\mathrm{V}$$

所以 $$\dot{I}_{0m}=\frac{\dot{U}_m}{-\mathrm{j}5}=(2+\mathrm{j}6)\mathrm{A}$$

8－19 解题过程　定义两个网孔，其网孔电流方向如题 8－19 图解所示。可得网孔电流方程为

$$\begin{cases}(6-\text{j}3)\dot{I}_{1\text{m}}-(-\text{j}3)\dot{I}_{2\text{m}}=9\\-(-\text{j}3)\dot{I}_{1\text{m}}+(3-\text{j}3)\dot{I}_{2\text{m}}=2U.\\\dot{U}_{\text{m}}=-\text{j}3\cdot(\dot{I}_{1\text{m}}-\dot{I}_{2\text{m}})\end{cases}$$

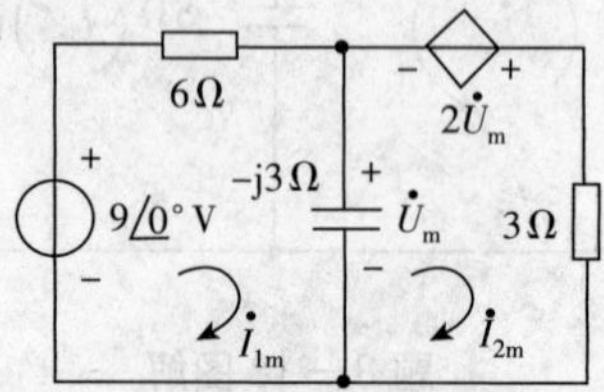

题 8－19 图解

解得

$$\dot{I}_{1\text{m}}=\frac{\Delta_1}{\Delta}=\frac{3-\text{j}9}{2-\text{j}7}\text{A}=\frac{3(1-\text{j}3)}{2-\text{j}7}\text{A}=\frac{3\times3.16\angle-71.56^\circ}{7.28\angle-74.05^\circ}\text{A}$$

$$=1.30\angle2.49^\circ\ \text{A}$$

$$\dot{I}_{2\text{m}}=\frac{\Delta_2}{\Delta}=\frac{-\text{j}9}{2-\text{j}7}\text{A}=\frac{9\angle-90^\circ}{7.28\angle-74.05^\circ}\text{A}=1.24\angle-15.95^\circ\ \text{A}$$

可得

$$i_1(t)=1.30\cos(5t+2.49^\circ)\text{A}$$

$$i_2(t)=1.24\cos(5t-15.95^\circ)\text{A}$$

8－20 解题过程 在解答中省略下标 m。

在图中标出节点 a,b，列节点方程为

$$\begin{cases}(\frac{1}{1}+\frac{1}{-\text{j}1})\dot{U}_{\text{a}}-\frac{1}{-\text{j}1}\dot{U}_{\text{b}}=10\\-\frac{1}{-\text{j}1}\dot{U}_{\text{a}}+(\frac{1}{2}+\frac{1}{2}+\frac{1}{-\text{j}1})\dot{U}_{\text{b}}=\frac{\text{j}20}{2}\end{cases}$$

整理得

$$\begin{cases}(1+\text{j}1)\dot{U}_{\text{a}}-\text{j}1\dot{U}_{\text{b}}=10\\-\text{j}\dot{U}_{\text{a}}+(1+\text{j}1)\dot{U}_{\text{b}}=\text{j}10\end{cases}$$

解得 $\dot{U}_{\text{a}}=\dfrac{\begin{vmatrix}10 & -\text{j}1\\ \text{j}10 & 1+\text{j}1\end{vmatrix}}{\begin{vmatrix}1+\text{j}1 & -\text{j}1\\ -\text{j}1 & 1+\text{j}1\end{vmatrix}}\text{V}=\dfrac{10+\text{j}10-10}{1-1+\text{j}2+1}\text{V}=\dfrac{\text{j}10}{1+\text{j}2}\text{V}=(4+\text{j}2)\text{V}$

$$= 4.46\angle 26.56^\circ$$

$$\dot{U}_b = \frac{\begin{vmatrix} 1+j1 & 10 \\ -j1 & j10 \end{vmatrix}}{1+j2}\text{V} = \frac{-10+j20}{1+j2}\text{V} = (6+j8)\text{V} = 10\angle 53.1^\circ\ \text{V}$$

$$\dot{I}_c = (\dot{U}_a - \dot{U}_b)\cdot j1 = j1\left(\frac{j10}{1+j2} - \frac{-10+j20}{1+j2}\right)\text{A} = \frac{10+j10}{1+j2}\text{A}$$

$$= 6.313\angle -18.44^\circ\ \text{A}$$

8－21 证明 (1) 为简便计振幅相量略去下标 m。由电桥平衡可得

$$\dot{U}_o = \frac{Z_2}{Z_2+Z_3}\dot{U}_s - \frac{Z_4}{Z_1+Z_4}\dot{U}_s = 0$$

所以
$$\frac{Z_2}{Z_2+Z_3}\dot{U}_s = \frac{Z_4}{Z_1+Z_4}\dot{U}_s$$

$$Z_1Z_2 + Z_2Z_4 = Z_2Z_4 + Z_3Z_4$$

得
$$Z_1Z_2 = Z_3Z_4$$

(2) 根据电路结构

$$Z_1 = R_1, Z_2 = R_2, Z_3 = \frac{\frac{R_3}{j\omega C}}{R_3 + \frac{1}{j\omega C}} = \frac{R_3}{j\omega CR_3 + 1}, Z_4 = R_4 + j\omega CL_4$$

由(1) 的结论可得

$$R_1R_2 = \frac{R_3(R_4 + j\omega L_4)}{j\omega CR_3 + 1}$$

$$R_3R_4 + j\omega R_3L_4 = R_1R_2 + j\omega CR_3R_1R_2$$

所以
$$\begin{cases} \omega R_3L_4 = \omega CR_3R_1R_2 \\ R_3 4_4 = R_1R_2 \end{cases}$$

整理得
$$\begin{cases} L_4 = R_1R_2C \\ R_4 = \dfrac{R_1R_2}{R_3} \end{cases}$$

8－22 解题过程 作出相量模型，得

$$Z_{in} = \frac{R_2\cdot\frac{1}{j\omega C_1}}{R_2 + \frac{1}{j\omega C_1}} = \frac{R_2}{j\omega C_1R_2 + 1} = \frac{R_2(1 - j\omega C_1R_2)}{1 + \omega^2C_1^2R_2^2}$$

注:本题目分析电路结构很重要,由于右侧受控源电路不会对左测电路的电压、电流有影响,所以求输入阻抗时,只需计及 C_1 和 R_2。

8－23 解题过程 (a)$\dot{U}=100\angle 0^\circ$ V

$$\dot{I}=10\angle 60^\circ \text{ A}$$

$$Z=\frac{\dot{U}}{\dot{I}}=\frac{100\angle 0^\circ}{10\angle 60^\circ}\Omega=10\angle -18.435^\circ\ \Omega$$

$$=(5-\text{j}8.66)\Omega$$

$$R=5\Omega,\ |X|=8.66\Omega$$

因为虚部小于0,所以等效阻抗是电容性的。

$$C=\frac{1}{\omega|X|}=\frac{1}{2\times 8.66}\text{F}=0.0577\text{F}$$

(b)$\dot{U}=100\angle -90^\circ$ V

$$\dot{I}=10\angle -150^\circ \text{ A}$$

$$Z'=\frac{100\angle -90^\circ}{10\angle -150^\circ}\Omega=10\angle 60^\circ\ \Omega=(5+\text{j}8.66)\Omega$$

$$Z'=2-\text{j}50+R+\text{j}X=(5+\text{j}8.66)\Omega$$

得
$$R=(5-2)\Omega=3\Omega$$

$$X=8.66+50=58.66\Omega=\omega L$$

$$L=\frac{58.66}{2}\text{H}=29.33\text{H}$$

(c)$\dot{U}=30\angle 0^\circ$ V,$I=5\angle 0^\circ$ A

$$Z'=\frac{30}{5}\Omega=6\Omega$$

$$Z=3+\text{j}4+R+\text{j}X=6\Omega$$

$$R=(6-3)\Omega=3\Omega$$

$$X=-4\Omega(\text{容性})$$

$$C=\frac{1}{\omega|X|}=\frac{1}{2\times 4}\text{F}=0.125\text{F}$$

(d)$\dot{U}=100\angle -60^\circ$ V,$\dot{I}=20\angle -150^\circ$ A

$$Z' = \frac{100\angle -60^\circ}{20\angle -150^\circ}\Omega = 5\angle 90^\circ\ \Omega = \text{j}5\Omega$$

$$Z' = \text{j}10 + R + \text{j}X = \text{j}5\Omega$$

$$R = 0, X = (-10+5)\Omega = -5\Omega(\text{容性})$$

$$C = \frac{1}{\omega\,|\,X\,|} = \frac{1}{10\times 5}\text{F} = 0.02\text{F}$$

8－24 解题过程 直接计算原电路的输入阻抗 Z_{ab}

$$Z_1 = \frac{(1-\text{j}1)(-\text{j}1)}{1-\text{j}1-\text{j}1} + 1 + \text{j}1 = (\frac{6}{5} + \text{j}\frac{2}{5})\Omega$$

$$Z_{ab} = \frac{(\frac{6}{5}+\text{j}\frac{2}{5})(-\text{j}\frac{1}{2})}{\frac{6}{5}+\text{j}\frac{2}{5}-\text{j}\frac{1}{2}} + 1 = (\frac{35}{29} - \text{j}\frac{14}{29})\Omega$$

所以原电路的相量模型是 R 和 C 的串联。

其中 $R = \frac{35}{29}\Omega = 1.206\Omega, C = \frac{1}{2\times\frac{14}{29}}\text{F} = \frac{29}{28}\text{F} = 1.035\text{F}$，如题 8－24 图解(a)所示。

$$Y_{ab} = \frac{1}{Z_{ab}} = (\frac{5}{7} + \text{j}\frac{2}{7})\text{S}$$

所以原电路的相量模型是 R 和 C 的并联。

其中 $R = 1.4\Omega, C = \frac{\frac{2}{7}}{2}\text{F} = \frac{1}{7}\text{F} = 0.143\text{F}$，如题 8－24 图解(b) 所示。

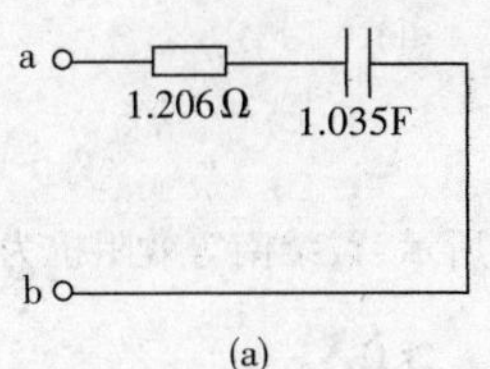

(a)

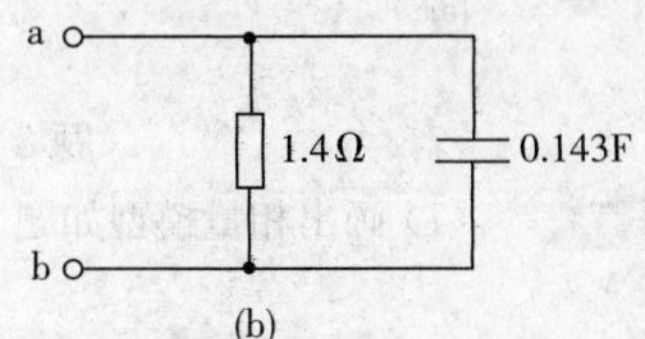

(b)

题 8－24 图解

8－25 解题过程 若整个电路电抗为 0，则阻抗为纯电阻

$$Z = \mathrm{j}\omega L + \frac{1}{\frac{1}{25} + \mathrm{j}8000 \times 10^{-5}}$$

$$= \mathrm{j}\omega L + \frac{25}{1+\mathrm{j}2} = \frac{\mathrm{j}5\omega L + 25 - \mathrm{j}50}{5}$$

$$= 5 + \mathrm{j}(\omega L - 10)$$

当 $\omega L - 10 = 0$ 时　　$L = \frac{10}{\omega} = \frac{1}{8000}\mathrm{H} = 1.25\mathrm{mH}$

8－26 解题过程　$Y(\mathrm{j}\omega) = \mathrm{j}\omega + \dfrac{1}{2 + \dfrac{\mathrm{j}3\omega}{3+\mathrm{j}\omega}} = \mathrm{j}\omega + \dfrac{3+\mathrm{j}\omega}{6+\mathrm{j}5\omega} = \dfrac{3 - 5\omega^2 + 7\mathrm{j}\omega}{6+\mathrm{j}5\omega}$

当 $\omega = 2\mathrm{rad/s}$ 时

$$Y = \frac{-17+\mathrm{j}14}{6+\mathrm{j}10}\mathrm{S} = \frac{38+\mathrm{j}254}{136}\mathrm{S} = (0.265 + \mathrm{j}1.87)\mathrm{S}$$

$$Z = \frac{6+\mathrm{j}10}{-17+\mathrm{j}14}\Omega = \frac{38-\mathrm{j}254}{485}\Omega = (0.078 - \mathrm{j}0.524)\Omega$$

在并联相量模型中，$C = \frac{1.87}{2}\mathrm{F} = 0.935\mathrm{F}$。

在串联相量模型中，$C = \frac{1}{0.524 \times 2}\mathrm{F} = 0.954\mathrm{F}$。

两种等效相量模型如题 8－26 图解(a)、(b) 所示。

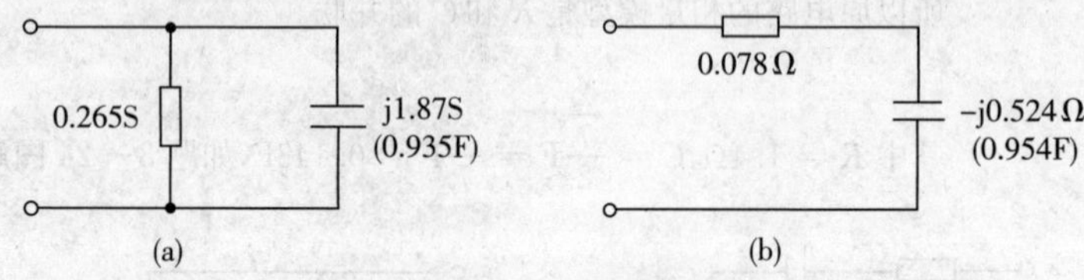

题 8－26 图解

8－27 解题过程　(1) 画出相量模型如题 8－27 图解所示。戴维南等效阻抗为

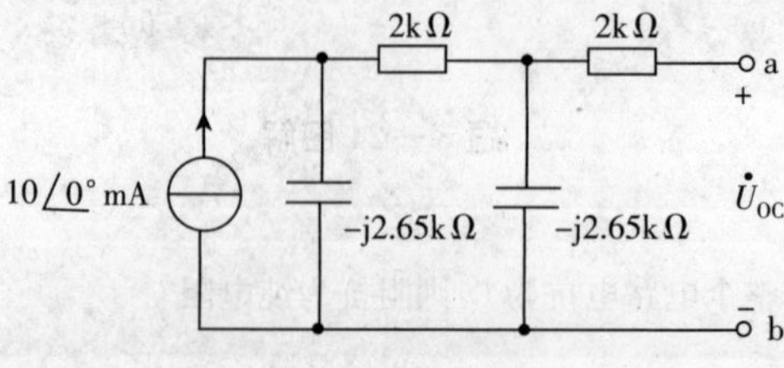

题 8－27 图解

$$Z_O = \left(2 + \frac{1}{\frac{1}{-\mathrm{j}2.65} + \frac{1}{2-\mathrm{j}2.65}}\right)\mathrm{k\Omega}$$

$$= (2 + \frac{2.65}{2} \times \frac{2.65 - \mathrm{j}9.023}{8.023})\mathrm{k\Omega}$$

$$= (2.44 - \mathrm{j}1.49)\mathrm{k\Omega}$$

$\frac{1}{\omega C} = 1.49 \times 10^3, C = 1.78\mu\mathrm{F}$

其等效电压为

$$\dot{U}_{OC} = \left[10 \times \frac{-\mathrm{j}2.65}{2 - \mathrm{j}(2 \times 2.65)}(-\mathrm{j}2.65)\right]\mathrm{V} = 12.41 \angle -110.67^\circ \ \mathrm{V}$$

$$u_{OC}(t) = 12.41\cos(120\pi t - 110.67^\circ)\mathrm{V}$$

(2) 当 $\omega = 240\pi$ rad/s 时，$-\mathrm{j}\frac{1}{\omega C} = -\mathrm{j}1.33\Omega$

$$Z_O = \left(2 + \frac{1}{\frac{1}{-\mathrm{j}1.33} + \frac{1}{2-\mathrm{j}1.33}}\right)\mathrm{k\Omega} = (2 + \frac{-1.77 - \mathrm{j}2.65}{2 - \mathrm{j}2.65})\mathrm{k\Omega}$$

$$= (2 + \frac{3.48 - \mathrm{j}9.99}{11.023})\mathrm{k\Omega}$$

$$= (2.315 - \mathrm{j}0.906)\mathrm{k\Omega}$$

$$\frac{1}{\omega C} = 0.906 \times 10^3, C = 1.46\mu\mathrm{F}$$

两个电容的电抗将缩小一倍

$$\dot{U}_{OC} = \left[10 \times \frac{-\mathrm{j}1.33}{2 - \mathrm{j}(2 \times 1.33)} \times (-\mathrm{j}1.33)\right]\mathrm{V} = 5.315 - 126.9^\circ\mathrm{V}$$

$$u_{OC}(t) = 5.32\cos(240\pi t - 126.9^\circ)\mathrm{V}$$

(3) 将 1μF 电容与 ab 间的戴维南等效电路相接，则由(1)，运用分压关系可得

$$\dot{U} = (12.41 \angle -110.67^\circ \times \frac{\mathrm{j}2.65}{2.44 - \mathrm{j}4.14})\mathrm{V}$$

$$= \frac{12.41 \angle -110.67^\circ \times 2.65 \angle -90^\circ}{4.8 \angle -59.5^\circ}\mathrm{V}$$

$$= 6.851 \angle -141.17^\circ \ \mathrm{V}$$

式中用到 1μF 的阻抗，即 $-\mathrm{j}\frac{1}{\omega C} = \mathrm{j}2.65\Omega$。故得

$$u(t)=6.851\cos(120\pi t-141.17°)\text{V}$$

8－28 解题过程 (1) 求 $\dot{U}_{OC}$，如题 8－28 图解(a) 所示。

使用振幅相量时省略下标 m。

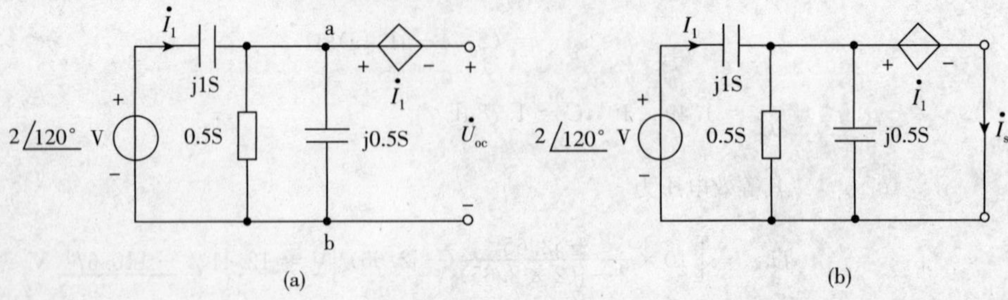

题 8－28 图解

$$\dot{U}_{ab}=\frac{j\dot{U}_s}{0.5+j1.5}$$

$$\dot{I}_1=j(\dot{U}_s-\dot{U}_{ab})$$

$$\begin{aligned}\dot{U}_{oc}&=-\dot{I}_1+\dot{U}_{ab}\\&=-j(\dot{U}_s-\dot{U}_{ab})+\dot{U}_{ab}\\&=(1+j)\dot{U}_{ab}-j\dot{U}_s\\&=(1+j)\frac{j\dot{U}_s}{0.5+j1.5}-j\dot{U}_s\\&=j\dot{U}_s(\frac{1+j}{0.5+j1.5}-1)=j\dot{U}_s\frac{0.5-j0.5}{0.5+j1.5}\\&=j\dot{U}_s\frac{1-j}{1+j3}=\frac{1+j}{1+j3}\dot{U}_s=\frac{1.414\angle 45°}{3.162\angle 71.56°}\times 2\angle -120°\ \text{V}\\&=0.8944\angle 93.44°\ \text{V}\end{aligned}$$

(2) 求 $\dot{I}_{sc}$，如题 8－28 图解(b) 所示。

$$\dot{I}_{sc}=\dot{I}_1-0.5\dot{I}_1-j0.5\dot{I}_1=(0.5-j0.5)\dot{I}_1$$

$$j1(\dot{U}_s-\dot{I}_1)=\dot{I}_1$$

$$(1+j1)\dot{I}_1=j1\dot{U}_s$$

$$\dot{I}_1=\frac{j1}{1+j1}\dot{U}_S$$

所以

$$\dot{I}_{sc} = (0.5 - j0.5)\frac{j1}{1+j1}\dot{U}_s = 0.4\dot{U}_s$$

(3) 求等效内阻。

$$Z_o = \frac{\dot{U}_{oc}}{\dot{I}_{sc}} = \frac{1+j1}{1+j3}\dot{U}_s \times \frac{1}{0.5\dot{U}_s} = (2\times\frac{1+j1}{1+j3})\Omega = 0.8944\angle -26.56^\circ\ \Omega$$

戴维南相量模型为电压源 U_{oc} 与 Z_o 串联，诺顿相量模型为电流源 $\dot{I}_{sc}$ 与 Z_o 并联。

8－29 解题过程 $\dot{U}_{OCm} = 99\cdot\dot{U}_m\cdot\frac{j100}{10^4+j100} = 99\cdot\dot{U}_m\cdot\frac{j}{100+j}$

$$U_m = 1\angle 0^\circ\cdot\frac{10^3}{10^3-j10^3} - \dot{U}_{OCm} = \frac{1}{1-j} - \frac{j99}{100+j}\cdot\dot{U}_m$$

所以 $\dot{U}_m = \frac{100+j}{200}\text{V}$

所以 $\dot{U}_{OCm} = \frac{99j}{100+j}\cdot\frac{100+j}{200} = j0.495\text{V}$

计算输出阻抗 Z_o，令所有独立源置零，即电压源相当于短路，电流源相当于断路，由图题可以看出 $\dot{U}_m = -\dot{U}_{abm}$，设 a、b 端输入电流为 $\dot{I}_{abm}$，由 $\dot{a}$ 端流入

$$\dot{I}_{1m} = \frac{(\dot{U}_m + 99\dot{U}_m)}{10^4} = 10^{-2}\dot{U}_m$$

$$\dot{I}_{abm} + \frac{\dot{U}_m}{j100} + \dot{I}_{1m} = 0$$

$$\dot{I}_{abm} = -(\frac{1}{j100} + \frac{1}{100})\dot{U}_m = \frac{1-j}{100}\dot{U}_{abm}$$

所以 $Z_o = \frac{\dot{U}_{abm}}{\dot{I}_{abm}} = \frac{100}{1-j} = (50+j50)\Omega$

8－30 解题过程 (1) $\dot{I} = \frac{10}{\sqrt{2}}\text{A} = 7.07\text{A}$

(2) $I = (\frac{10}{\sqrt{2}}\angle 90^\circ + \frac{20}{\sqrt{2}}\angle 30^\circ)\text{A} = (-j\frac{10}{\sqrt{2}} + 12.25 + j7.07)\text{A} = 12.25\text{A}$

$$\dot{I} = 12.25\text{A}$$

(3) $\dot{I} = (\frac{1}{\sqrt{2}} - j\frac{1}{\sqrt{2}})A = 1\angle -45^\circ$ A

$\dot{I} = 1A$

8－31 解题过程 有效值相量为

(1) $\dot{I} = 7.07\angle -90^\circ$ A；(2) $\dot{I} = 12.25\angle 0^\circ$ A；(3) $\dot{I} = 1\angle -45^\circ$ A

8－32 解题过程 (1) $f(t) = A_1\cos(n\omega_0 t) + A_2\cos(m\omega_0 t + \theta)$

有效值为

$$F = \sqrt{\frac{1}{T}\int_0^T f^2(t)dt}$$

$$F = \sqrt{\frac{1}{T}\int_0^T [A_1^2\cos^2(n\omega_0 t) + 2A_1A_2\cos(n\omega_0 t)\cdot\cos(m\omega_0 t+\theta) + A_2^2\cos^2(m\omega_0 t+\theta)]dt}$$

$$= \sqrt{\frac{1}{T}A_1^2\cdot\frac{T}{2} + 0 + \frac{1}{T}A_2^2\cdot\frac{T}{2}} = \sqrt{\frac{1}{2}(A_1^2 + A_2^2)}\ (m \neq n)$$

(2) 当 $m = n$ 时

$$F = \sqrt{\frac{1}{T}\int_0^T [A_1^2\cos^2(n\omega_0 t) + 2A_1A_2\cos(n\omega_0 t)\cdot\cos(m\omega_0 t+\theta) + A_2^2\cos^2(m\omega_0 t+\theta)]dt}$$

$$= \sqrt{\frac{1}{T}A_1^2\cdot\frac{T}{2} + \frac{1}{T}\cdot 2A_1A_2\cdot\frac{1}{2}\cos\theta + \frac{1}{T}A_2^2\frac{T}{2}}$$

$$= \sqrt{\frac{1}{2}(A_1^2 + 2A_1A_2\cos\theta + A_2^2)}$$

注：本题利用有效值的定义来求解，可见基础概念清晰解题便简单，另当 $m = n$ 时，本题亦可利用相量法来求解。

8－33 解题过程 根据题意画图如题 8－33 图解所示。

以 $\dot{U}$ 为基准向量，$\dot{I}_C$ 超前 $\dot{U}90^\circ$，$\dot{I}_L$ 滞后 $\dot{U}90^\circ$，$\dot{I} = \dot{I}_C + \dot{I}_L$，且 $\dot{I}$ 与 $\dot{U}$ 同相位，平移 $\dot{I}_L$ 至虚线部分，由图便容易得到。

$$\dot{I} = \sqrt{I_L^2 - I_C^2} = \sqrt{10^2 - 8^2}\text{A} = 6\text{A}$$

注：在类似本题涉及相位关系较多的情况，作相量图往往使解题变得容易。

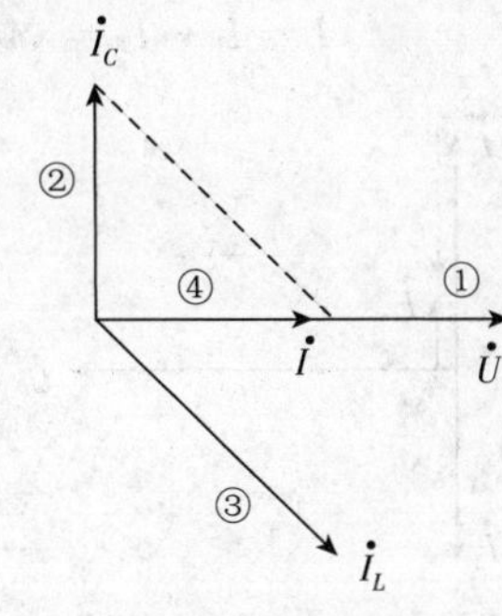

题 8－33 图解

8－34 解题过程 根据题意作图如题 8－34 图解所示。

各元件的电压、电流均设为关联参考方向，以 $\dot{U}_2$ 为基准向量，$\dot{I}_R$ 与 $\dot{U}_2$ 同向，$\dot{I}_C$ 应超前 $\dot{U}_2$ 90°，两电流之和 $\dot{I}$ 为电感电流，$\dot{U}_L$ 应超前 $\dot{I}$ 90°，故 $\dot{U}_L$ 超前 $\dot{U}_2(90°+\theta)$，由题 8－34 图解可知

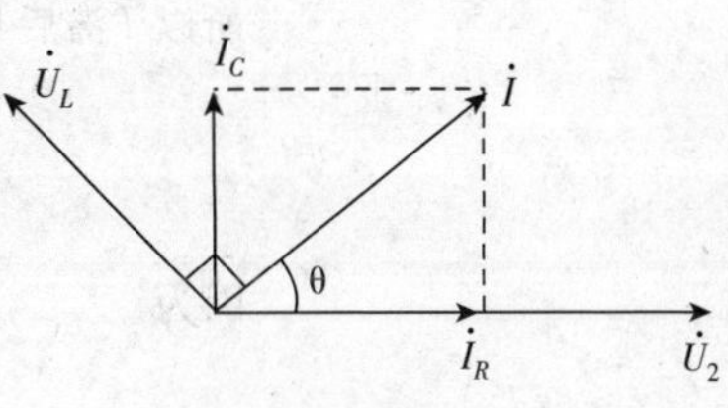

题 8－34 图解

$$\theta = \arctan(\frac{I_C}{I_R})$$

$$I_R = \frac{2\text{V}}{1\Omega} = 2\text{A}$$

$$I_C = \frac{2}{\frac{1}{\omega C}} = (2\text{V})(2\text{rad/s} \times 0.5\text{F}) = 2\text{A}$$

故知 $\theta = \arctan 1 = 45°$

所以，$\dot{U}_L$ 超前 $\dot{U}_2$ 135°。

注：在串并联电路作相量图时，一般先作并联部分的电压。

8－35 解题过程 本题解法同样利用相量图法（如题8－35图解所示），以并联部分电压 $\dot{U}$ 为基准向量。

因为 $$\omega L > \frac{1}{\omega C_2}$$

所以该支路为感性的，即 I_2 应滞后 $\dot{U}$ 90°，$\dot{I}_1$ 支路为容性。

$\dot{I}_1$ 超前 $\dot{U}$ 90°，则

$$\dot{I} = I_1 - I_2 = (4-3)\text{A} = 1\text{A}$$

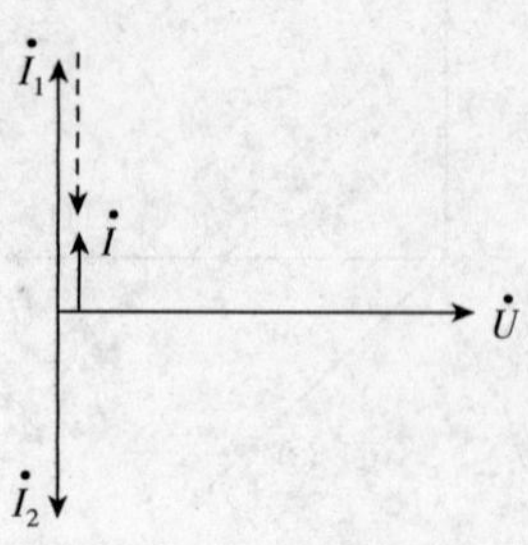

题 8－35 图解

8－36 解题过程 作相量图如题 8－36 图解(a) 所示，以 $\dot{U}_{ab}$ 为基准向量，因为 $\omega L = 0.5\Omega = R$，所以 I 滞后 $\dot{U}_{ab}45°$，电感电压 $\dot{U}_2$ 超前 $\dot{U}_{ab}45°$，由此进行计算

$$I = (\frac{U_{ab}}{R})\cos 45° = (\frac{10\text{V}}{0.5\Omega})(\frac{\sqrt{2}}{2}) = 10\sqrt{2}\,\text{A}$$

因为 $$\dot{I}_1 = \dot{I}_2 + \dot{I}$$

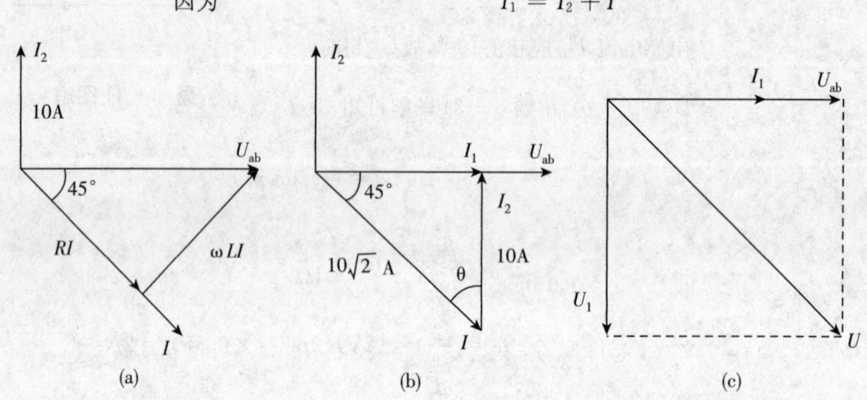

题 8－36 图解

由题 8－36 图解(b) 可得

$$I_1 = I_2 = 10\text{A}$$

因为 $\dot{I}_1$ 与 $\dot{U}_{ab}$ 同相位，所以 $\dot{U}_1$ 滞后 $\dot{U}_{ab}90°$，如题 8－36 图解(c) 所示。

$$U_1 = \frac{1}{\omega C}I_1 = (1\Omega)(10\text{A}) = 10\text{V}$$

$$U = \sqrt{U_{ab}^2 + U_1^2} = \sqrt{10^2 + 10^2}\,\text{V} = 10\sqrt{2}\,\text{V}$$

8－37 解题过程 画出相量模型如题 8－37 图解所示。

设 $\dot{U}_1$ 为参考相量，则

$$U_1 = 100\angle 0°\ \text{V}$$

所以 $\qquad \dot{I}_1 = \text{j}10\text{A}$

$$\dot{I}_L = \frac{\dot{U}_1}{5+\text{j}5} = \frac{100\angle 0°}{5\sqrt{2}\angle 45°}\text{A}$$

$$= 10\sqrt{2}\angle -45°\ \text{A} = (10-\text{j}10)\text{A}$$

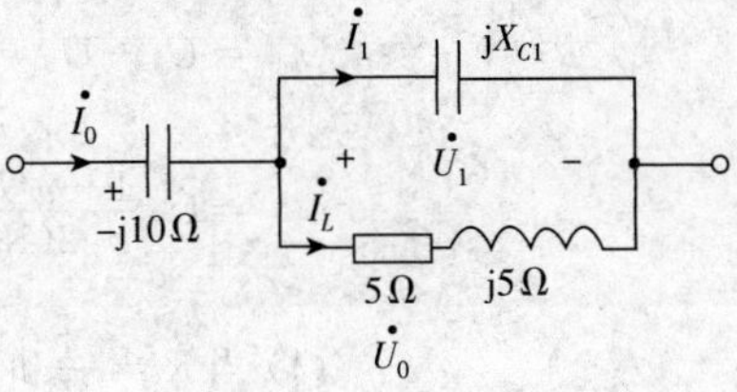

题 8－37 图解

$$\dot{I}_0 = \dot{I}_1 + \dot{I}_L = (\text{j}10 + 10 - \text{j}10)\text{A} = 10\text{A}$$

所以 A_0 的读数为 10A。

$$\dot{U}_0 = \dot{U}_1 + \text{j}X_C\dot{I}_0 = (100 - \text{j}10\times 10)\text{V} = 100\sqrt{2}\angle -45°\ \text{V}$$

所以 V_0 的读数为 141.4V。

8－38 解题过程 (1)$\dot{U}_1 = \dot{U}_s \dfrac{-\text{j}\dfrac{1}{\omega C_1}}{R_1 - \text{j}\dfrac{1}{\omega C_1}} = \dot{U}_s \dfrac{1}{1+\text{j}\omega R_1 C_1} = \dfrac{\dot{U}_s}{\sqrt{1+(\omega R_1 C_1)^2}}$

$= \arctan(\omega R_1 C_1)$

$$\dot{U}_2 = \dot{U}_s \frac{R_2}{R_2 - \text{j}\dfrac{1}{\omega C_2}} = \frac{\dot{U}_s}{1-\text{j}\dfrac{1}{\omega R_2 C_2}} = \frac{\dot{U}_s}{\sqrt{1+(\dfrac{1}{\omega R_2 C_2})^2}} = \arctan(\frac{1}{\omega R_2 C_2})$$

则 $\dot{U}_1$ 和 $\dot{U}_2$ 相位差为

$$\theta_2 - \theta_1 = \arctan(\frac{1}{\omega R_2 C_2}) + \arctan(\omega R_1 C_1)$$

则 $\qquad \theta_2 - \theta_1 = \dfrac{\pi}{2} - \arctan(\omega R_2 C_2) + \arctan(\omega R_1 C_1)$

(2) 只要满足 $R_1 C_1 = R_2 C_2$，则 $\theta_2 - \theta_1 = \dfrac{\pi}{2}$。

注：本题亦可用相量图法来解，但由于许多角不是特殊角，对作图要求较高。

8－39 证明 $\dot{U}_a = \dot{U}_S \cdot \dfrac{\dfrac{1}{\text{j}\omega C}}{R+\dfrac{1}{\text{j}\omega C}} = \dfrac{\dot{U}_S}{\text{j}\omega RC + 1}$

$$\dot{U}_b = \dot{U}_S \cdot \frac{r}{r+r} = \frac{1}{2}\dot{U}_S$$

$$\dot{U}_{ab}=\dot{U}_a-\dot{U}_b=U_S\cdot\frac{2-1-j\omega RC}{2(1+j\omega RC)}=\dot{U}_S\frac{1-j\omega RC}{2(1+j\omega RC)}$$

$$=\dot{U}_S\frac{1-\omega^2R^2C^2-j2\omega RC}{2(1+\omega^2R^2C^2)}$$

(1) 当 $R=\dfrac{1}{\omega C}$ 时 $\qquad \dot{U}_{ab}=\dot{U}_S\dfrac{-j2}{2\times 2}=-\dfrac{1}{2}j\dot{U}_S$

所以 $\qquad \dot{U}_{ab}=\dfrac{1}{2}\dot{U}_S$

并且 $\dot{U}_{ab}(t)$ 滞后 $\dot{U}_S 90°$。

(2) 由于 $\left|\dfrac{1-\omega^2R^2C^2-j2\omega RC}{2(1+\omega^2R^2C^2)}\right|=\dfrac{\sqrt{(1-\omega^2R^2C^2)+4\omega^2R^2C^2}}{2(1+\omega^2R^2C^2)}=\dfrac{\sqrt{(1+\omega^2R^2C^2)^2}}{2(1+\omega^2R^2C^2)}$

$=\dfrac{1}{2}$，所以有效值不随 R 的变化而变化，但相位角会随着 R 的变化而变化，即

$$\theta=-\arctan\frac{2\omega RC}{1-\omega^2R^2C^2}$$

8－40 解题过程 $\dot{U}_m=\dot{U}_{sm}-\dot{U}_{om}$

由于电压源支路电流为零，所以计算只考虑左侧部分的电路参数。

$$\dot{U}_{om}=\mu\dot{U}_m\cdot\frac{R_2//\dfrac{1}{j\omega C}}{R_2//\dfrac{1}{j\omega C+R_1}}=\mu\cdot(\dot{U}_{sm}-\dot{U}_{om})\cdot\frac{R_2}{R_2+R_1+j\omega CR_1R_2}$$

$$\left(1+\frac{\mu R_2}{R_1+R_2+j\omega CR_1R_2}\right)\dot{U}_{om}=\frac{\mu R_2}{R_1+R_2+j\omega CR_1R_2}\dot{U}_{sm}$$

$$\dot{U}_{om}=\frac{\mu R_2}{R_1+(1+\mu)R_2+j\omega CR_1R_2}\dot{U}_{sm}$$

8－41 解题过程 ① 式乘以 4 加上 ② 式乘以 j3 可得

$$(8-j4)\dot{U}_1-j12\dot{U}_2+9\dot{U}_1+j12\dot{U}_2=40-j18 \qquad ①$$

所以 $\qquad (17-j4)\dot{U}_1=40-j18$

$$\dot{U}_1=\frac{40-j18}{17-j4}=2.51\underline{/-10.987°}\ \text{V} \qquad ②$$

代入 ② 式可得

$$\dot{U}_2=\frac{-6+j3\dot{U}_1}{4}=2.11\underline{/121.67°}\ \text{V}$$

所以 $$u_1(t)=2.51\cos(1000t-10.987°)\text{V}$$

$$u_2(t)=2.11\cos(1000t+121.67°)\text{V}$$

8－42 解题过程 (1) 相量模型如题 8－42 图解(a) 所示(用导纳表示元件)。

(2) $Z_1=\dfrac{1}{2+\text{j}2}\Omega=\dfrac{2-\text{j}2}{8}\Omega=(0.25-\text{j}0.25)\Omega$

电容 $$C=\frac{1}{0.25\omega}=\frac{1}{0.25\times1000}\text{F}=0.004\text{F}$$

$$Z_2=\frac{1}{-\text{j}3}\Omega=\text{j}3\Omega$$

电感 $$L=\frac{3}{\omega}=3\text{mH}$$

$$Z_3=\frac{1}{4+\text{j}3}\Omega=\frac{4-\text{j}3}{25}\Omega=(\frac{4}{25}-\text{j}\,\frac{3}{25})\Omega$$

电容 $$C=\frac{1}{\frac{3}{25}\times1000}\text{F}=\frac{1}{120}\text{F}=0.0083\text{F}$$

故得 $\omega=1000\text{rad/s}$ 时的时域模型如题 8－42 图解(b) 所示。

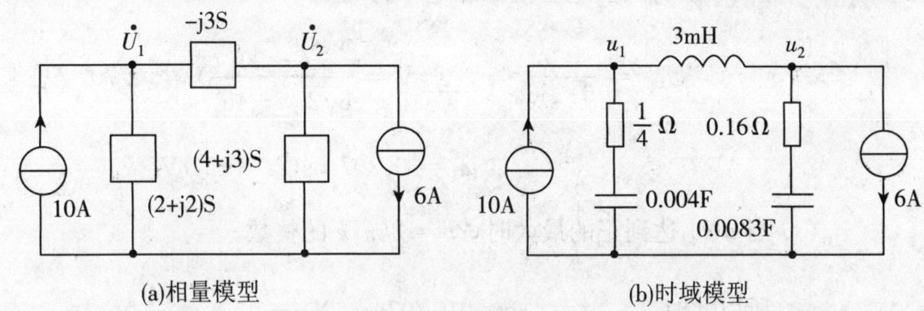

(a)相量模型　　(b)时域模型

题 8－42 图解

注：本题相量模型适用于所有频率，但时域模型只适用于该频率。

8－43 解题过程 作相量图如题 8－43 图解所示。作图顺序如数字所示，其中：$\dot{I}_2$ 超前 $\dot{U}_1$ 90°；因为 $\omega RC=2$，即 $\dfrac{1}{\omega C}=\dfrac{1}{2}R$，所以 $I_2=2I_1$。$\dot{I}_3$ 和 $\dot{I}_1$ 之间的夹角可由直角三角形 Oab 求得为 $\arctan\dfrac{2}{1}=63.4°$，$U_L=\omega LI_3=\omega L\sqrt{I_1^2+I_2^2}=\omega L\sqrt{I_1^2+(2I_1)^2}=\sqrt{5}\omega LI_1$。

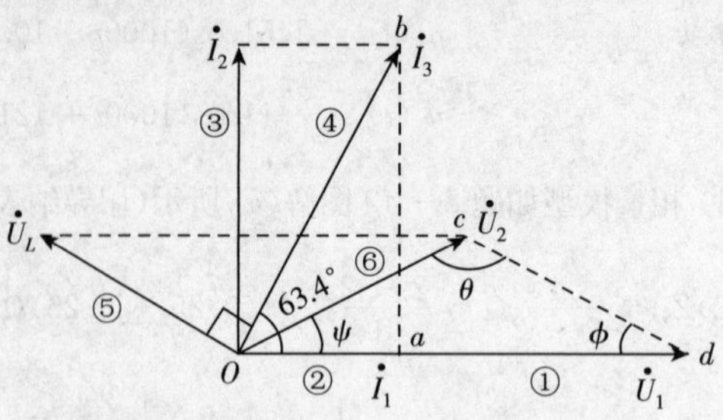

题 8－43 图解

在 ΔOcd 中，$\phi = 180° - (90° + 63.4°) = 26.6°$，因为 $\varphi = 45°$，所以 $\theta = 180° - (45° + 26.6°) = 108.4°$。由正弦定理可得

$$\frac{U_L}{\sin\varphi} = \frac{U_1}{\sin\theta}$$

即
$$\frac{\sqrt{5}\omega L I_1}{\sin 45°} = \frac{RI_1}{\sin 108.4°}$$

得
$$\omega L = \frac{\sin 45°}{\sin 108.4} \times \frac{R}{\sqrt{5}} = 333\Omega$$

8－44 **解题过程** 开关在 a 位置，电容上稳态电压为 u_{Cm}。

$$\dot{U}_{Cm} = \frac{-j6}{6-j6} \cdot 1\angle 0°\ \text{V} = \frac{6\angle -90°}{6\sqrt{2}\angle -45°}\text{V} = 0.707\angle -45°\ \text{V}$$

$$u_C = 0.707\cos(2t - 45°)\text{V}$$

当 $u(t)$ 达到正的最大时，$2t = 2k\pi$，k 的整数。

所以此时
$$u_C = 0.707\cos(2k\pi - 45°) = \frac{1}{2}\text{V}$$

以此为计算起点
$$t = 0$$

$$u_O(0_+) = u_C(0_+) = \frac{1}{2}\text{V}, u_O(\infty) = 3\text{V}, T = RC = \frac{1}{12}\text{s}$$

所以
$$u_O(t) = u_O(\infty) + [u_O(0_+) - u_O(\infty)]e^{-\frac{t}{\tau}}$$
$$= (3 - 2.5e^{-12t})\text{V}, t \geqslant 0$$

第九章

正弦稳态功率和能量三相电路

知识点精析

一、基本概念

瞬时功率 p 定义为能量对时间的导数，是由同一时刻的电压与电流的乘积来确定的，亦即

$$p(t)=\frac{\mathrm{d}\omega}{\mathrm{d}t}=u(t)\cdot i(t)$$

线性时不变 R、L、C 的功率、能量的一般关系式可由表 9－1 表明。

表 9－1

二端元件的 VCR	功率		能量	
	吸收功率	消耗功率	流入能量	存储能量
$u=Ri$ 或 $i=Gu$	$Ri^2=Gu^2$		$R\int_{t_0}^{t_1}i^2\mathrm{d}t$ 或 $G\int_{t_0}^{t_1}u^2\mathrm{d}t$	0
$i=C\frac{\mathrm{d}u}{\mathrm{d}t}$	$Cu\frac{\mathrm{d}u}{\mathrm{d}t}=\frac{1}{2}C\frac{\mathrm{d}}{\mathrm{d}t}u^2$	0	$\frac{1}{2}C[u^2(t_1)-u^2(t_0)]$	$\frac{1}{2}Cu^2$
$u=L\frac{\mathrm{d}i}{\mathrm{d}t}$	$Li\frac{\mathrm{d}i}{\mathrm{d}t}=\frac{1}{2}L\frac{\mathrm{d}}{\mathrm{d}t}i^2$	0	$\frac{1}{2}L[i^2(t_1)-i^2(t_0)]$	$\frac{1}{2}Li^2$

二、电阻的平均功率

(1) 瞬时功率在一周期内的平均值,称为平均功率,记为 P,即

$$P=\frac{1}{T}\int_{0}^{T}p(t)\mathrm{d}t$$

(2) 电阻平均功率由瞬时功率定义可得

$$P=\frac{1}{2}U_{\mathrm{m}}I_{\mathrm{m}}=UI$$

(3) 平均功率又称为有功功率,表示实际的电路耗散功率。

三、电感、电容的平均储能

1. 电感

(1) 瞬时功率 $p(t)=UI\sin(2\omega t)$

(2) 电感储能平均值 $W_{\mathrm{L}}=\frac{1}{2}LI^{2}$

(3) 电感电压、电流有效值的乘积定义为无功功率

$$Q_{\mathrm{L}}=UI=\omega LI^{2}=2\omega W_{\mathrm{L}}$$

无功功率反应了电感储能的吞吐能力及大小。

2. 电容

(1) 瞬时功率 $p(t)=-UI\sin(2\omega t)$

(2) 电容平均储能 $W_{C}=\frac{1}{2}CU^{2}$

(3) 电容无功功率 $Q_{C}=-UI=-\omega CU^{2}=-2\omega W_{\mathrm{C}}$

四、单口网络的平均功率

(1) 一般情况下,若单口网络端口电压与端口电流的相位差角为 φ,则电阻部分的电压应为

$U\cos\varphi$；计算平均功率的公式应为 $P = UI\cos\varphi$。

(2)UI（即$\frac{1}{2}U_m I_m$）称为视在功率，记作 S，即 $S = UI$，单位为伏安(V·A)。

(3) 功率因数定义为平均功率与视在功率之比，记为 λ

$$\lambda = \frac{P}{S} = \cos\varphi$$

由于 λ 不能体现电路的性质，从而习惯上常同时加上“感性”、“容性”或“滞后”、“超前”字样。

(4) 平均功率其他计算方法

$$P = I^2 \cdot \mathrm{Re}(Z) = U^2\mathrm{Re}[Y]$$

须注意一般情况下 $\mathrm{Re}[Z] \neq \frac{1}{\mathrm{Re}[Y]}$。

(5) 平均功率是各支路平均功率之和，即

$$P = \Sigma P_k$$

五、单口网络的无功功率

(1) 一般情况下从单口网络端口上计算无功功率的公式应为

$Q = UI\sin\varphi$，单位乏(var)

(2) 无功功率的物理意义

$$Q = 2\omega(W_L - W_C)$$

反映了外电路(电源)参与能量往返的程度。

(3) 无功功率守恒

$$Q = \Sigma Q_k$$

Q_k 为第 k 个电感或电容的无功功率。电感取正，电容取负。

(4) 视在功率 $S = \sqrt{P^2 + Q^2}$

(5) 无功功率的其他算法

$$Q = I^2\mathrm{Im}[Z] = -U^2\mathrm{Im}[Y]$$

六、复功率 复功率守恒

1. 复功率

复量$\dot{U}\dot{I}^*$称为复功率或功率相量，记为$\tilde{S}$，即

$$\tilde{S}=\dot{U}\dot{I}^* = P+\mathrm{j}Q = P+\mathrm{j}2\omega(W_L-W_C)$$

$\tilde{S}$的模即为视在功率S。

2. 复功率守恒

$$\tilde{S}=\Sigma\tilde{S}_k=\Sigma P_k+\mathrm{j}\Sigma Q_k$$

$\tilde{S}_k$为各支路复功率。

七、正弦稳态最大功率传递定理

1. 共轭匹配

如果负载$Z_L=R_L+\mathrm{j}X_L$的R_L与X_L均可独立改变，则负载获得最大功率条件是

$$Z_L=Z_s^*=R_s-\mathrm{j}X_S$$

最大功率为$P_{Lmax}=\dfrac{U_s^2}{4R_S}$。

2. 共模匹配

若负载阻抗角固定，仅仅模值可以改变，则负载获得最大功率条件是

$$|Z_L|=|Z_s|=\sqrt{R_s^2+X_s^2}$$

八、三相电路

1. 三相电路的一些基本概念

对称三相电压(或电流),指的是频率相同、振幅相同,相位依次相差 120° 的正弦电压(或电流)。相序为 a－b－c。

对称三相负载相同。

电源及负载的连接方式为 Y－Y、Y－Δ、Δ－Y、Δ－Δ。

三相四线制(Y－Y 连接时,将电源及负载公共端也连接上,称为中线)。

2. 对称三相电路的性质

线电流与相电流的关系,对 Y 连接,线电流等于相电流;对 Δ 连接,线电流是相电流的$\sqrt{3}$ 倍,线电流相位滞后对应后续相的相电流 30°。

线电压与相电压的关系,对 Y 连接的电源或负载,线电压的大小是相电压的$\sqrt{3}$ 倍,线电压的相位超前对应先行相的相电压 30°;对于 Δ 连接,二者相同。

三相四线制对称电路中中线电流为零。

3. 三相电路的分析计算

将 Δ 连接转化为 Y 连接求单一相参数后再转化为原连接方式。

对称三相电路的平均功率与无功功率

$$P = 3U_{\rm p} I_{\rm p} \cos\varphi = \sqrt{3} U_{\rm L} i_{\rm L} \cos\varphi$$

$$Q = 3U_{\rm p} I_{\rm p} \sin\varphi = \sqrt{3} U_{\rm L} i_{\rm L} \sin\varphi$$

思考题与练习题解答

第二节

练习题

9－1 电压 $u(t)=100\cos(314t)V$ 施加于 10Ω 的电阻。

(1) 求电阻吸收的瞬时功率 $p(t)$；(2) 求平均功率 P；(3) 绘 $p(t)$ 草图。

解题过程 (1) $p(t)=u(t)\cdot i(t)=\dfrac{u^2(t)}{R}$

$$=\frac{10^4\cdot\cos^2(314t)}{10}$$

$$=500[1+\cos(628t)]\text{W}$$

(2) 在周期 T 内对 $p(t)$ 求积分再除以 T 可得

$$P=500\text{W}$$

(3) $p(t)$ 的图形如图 9－1 所示。

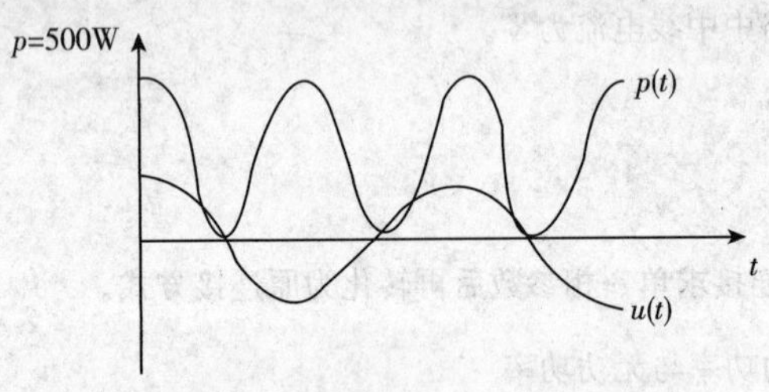

图 9－1

9－2 正弦电压施加于 10Ω 电阻时，电阻消耗功率为 $360W$，求电压及电流的有效值。

解题过程 因为

$$P=\frac{U^2}{R}=I^2\cdot R$$

所以

$$I=\sqrt{\frac{P}{R}}=6\text{A},U=\sqrt{P\cdot R}=60\text{V}$$

第三节

练习题

9－3 电压 $u(t)=100\cos(10t)\mathrm{V}$ 施加于 10H 的电感。

(1) 求电感吸收的瞬时功率 $p(t)$；(2) 求储藏的瞬时能量 $\omega(t)$；(3) 求平均储能 W_L；(4) 绘 $p(t)$。

解题过程 (1) $p(t)=u(t)\cdot i(t)$

在稳态时 $$i(t)=\frac{1}{L}\int u(t)\mathrm{d}t=\frac{10\cdot\sin(10t)}{10}=\sin(10t)\mathrm{A}$$

所以 $$p(t)=100\sin(10t)\cdot\cos(10t)=50\sin(20t)\mathrm{W}$$

(2) $$\omega(t)=\frac{1}{2}Li^2(t)=5\cdot\sin^2(10t)=2.5[1-\cos(20t)]\mathrm{J}$$

(3) 平均储能 $$W_L=\frac{1}{2}LI^2=\frac{1}{2}\times10\times(\frac{1}{\sqrt{2}})^2=2.5\mathrm{J}$$

(4) 给 $p(t)$ 作图如图 9－2 所示。

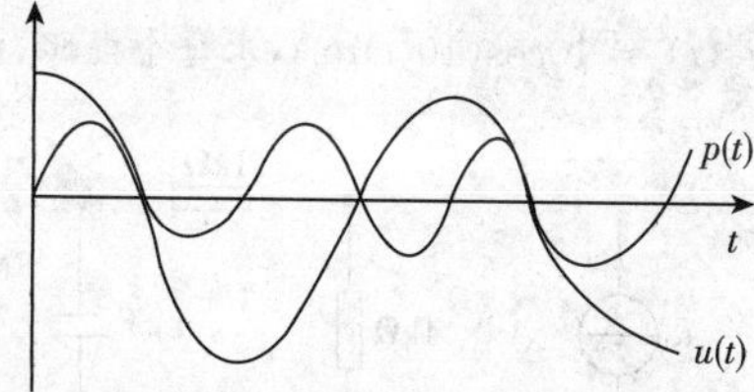

图 9－2

9－4 电压 $u(t)=100\cos(10t)\mathrm{V}$ 施加于 0.001F 的电容。

(1) 求电容吸收的瞬时功率 $p(t)$；(2) 求储藏的瞬时能量 $\omega(t)$；(3) 求平均储能 W_C；(4) 绘 $p(t)$。

解题过程 (1) $$p(t)=u(t)\cdot i(t)=Cu(t)\cdot\frac{\mathrm{d}u}{\mathrm{d}t}$$

$$=\frac{1}{2}C\cdot\frac{\mathrm{d}}{\mathrm{d}t}u^2(t)$$

$$=0.5\times10^{-3}\cdot\frac{\mathrm{d}}{\mathrm{d}t}[10000\cdot\cos^2(10t)]$$

$$=5\times 2\cos(10t)\cdot[-10\sin(10t)]$$

$$=-100\cos(10t)\cdot\sin(10t)=-50\sin(20t)\text{W}$$

(2)$\omega(t)=\dfrac{C}{2}\cdot u^2(t)=\dfrac{10^{-3}}{2}\cdot 100^2\cdot\cos^2(10t)=\dfrac{10}{4}[1+\cos(20t)]$

$$=2.5[1+\cos(20t)]\text{J}$$

(3)$W_C=\dfrac{1}{2}CU^2=\dfrac{10^{-3}}{2}\cdot\dfrac{100^2}{2}=2.5\text{J}$

(4)$p(t)$ 的图形如图 9－3 所示。

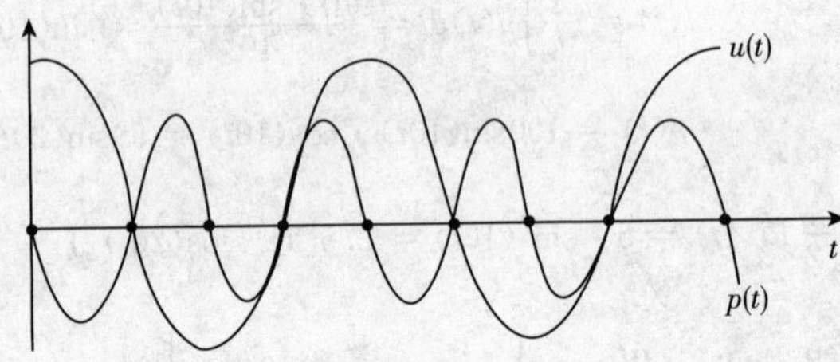

图 9－3

9－5 图 9－4 所示电路中 $i_S(t)=10\cos(10^3t)\text{mA}$,求每个电阻、电容及电源吸收的平均功率。

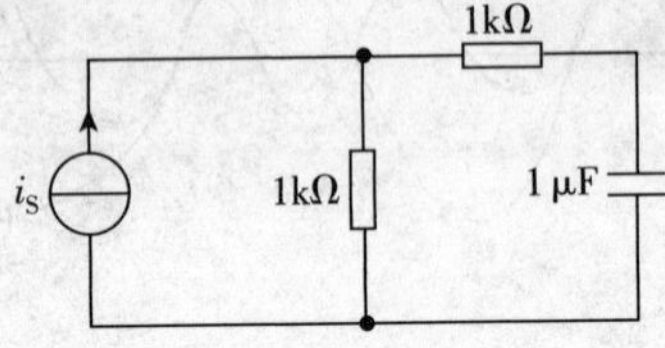

图 9－4

解题过程 电源有效值为 $I_S=\dfrac{10}{\sqrt{2}}\text{A},\omega=10^3\text{rad/s}$

$$\dot{I}_S=\frac{10}{\sqrt{2}}\angle 0^\circ\ \text{mA}$$

1kΩ 电阻支路 $\dot{I}_1=\dot{I}_S\cdot\dfrac{1-\text{j}}{1+1-\text{j}1}=\dfrac{1-\text{j}}{2-\text{j}}\cdot\dfrac{10}{\sqrt{2}}=\sqrt{2}(3-\text{j})=\sqrt{20}\angle-18.435^\circ\text{mA}$

$$I_1=\sqrt{2}\cdot 3.1623=\sqrt{20}\text{mA}$$

1kΩ 电阻与 1μF 电容支路 $\dot{I}_2=\dot{I}_S\cdot\dfrac{1}{2-\text{j}}=\dfrac{10}{\sqrt{2}}\cdot\dfrac{1}{2-\text{j}}=\sqrt{2}(2+\text{j})\text{mA}$

$$I_2 = \sqrt{10}\,\text{mA}$$

两电阻消耗功率分别为 $P_1 = I_1^2 \cdot 1000 = 20\text{mW}, P_2 = I_2^2 \cdot 1000 = 10\text{mW}$

电容吸收功率为零。

电源消耗功率为 $P_S = -I_1 \cdot 1000 \cdot I_S \angle 18.435° = -30\text{mW}$

第四节

思考题

9－1 在§8－11曾指出单口网络的等效相量模型也可采用并联形式，试问在这种情况下，如何理解计算平均功率的(9－18)式？

解题过程 对于单口网络，其并联或串联方式的输入阻抗值都是相等的，所以功率因数 $\cos\varphi$ 是相同的。

9－2 正文中提到了“电压的有功分量”，你认为有没有“电流的有功分量”这一提法？

解 可以，因为当电流通入电感或电容后，电容或电感只是储存能量而不消耗能量，从而

$$P = I^2 \cdot \text{Re}[Z]$$

可以看出平均功率是电流的有功分量，无功分量即电感电容储存的能量。

练习题

9－6 电路如图 9－5 所示，求电路的 P,S 和 λ。

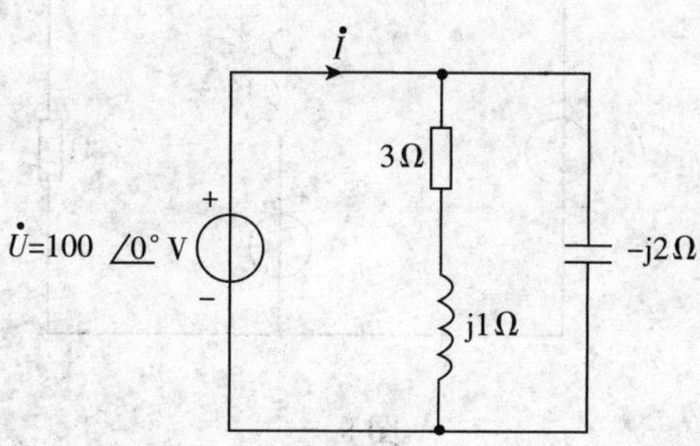

图 9－5

解题过程 电路总阻抗 $Z = \dfrac{-\text{j}2(3+\text{j}1)}{3+\text{j}1-\text{j}2} = \dfrac{-\text{j}2(3+\text{j})}{3-\text{j}} = 1.2 - \text{j}1.6 = 2\angle -53.1301°\,\Omega$

从而 $\lambda = \cos(53.1301^\circ) = 0.6$(容性)。

$$\dot{I} = \frac{\dot{U}}{Z} = 50\angle 53.1301^\circ \text{ A}$$

$$P = U \cdot I \cdot \cos\varphi = 100 \times 50 \times 0.6 = 3000\text{W}$$

$$S = U \cdot I = 500\text{V} \cdot \text{A}$$

9－7 试求图9－6所示电路中两电源的功率,并核对功率守恒关系。已知 $\dot{U}_{s1} = 24\angle 0^\circ$ V,$\dot{U}_{s2} = 12\angle 0^\circ$ V。

解题过程 先求节点电压 U

$$\frac{\dot{U}}{2} + \frac{\dot{U}}{\text{j}2} + \frac{\dot{U}}{4} = \frac{\dot{U}_{S1}}{2} + \frac{\dot{U}_{S2}}{\text{j}2}$$

$$(0.75 - \text{j}0.5)U = 12 - \text{j}6$$

$$\dot{U} = (14.769 + \text{j}1.846)\text{V} = 14.884\angle 7.125^\circ \text{ V}$$

所以 $\dot{I}_{S1} = \dfrac{\dot{U}_{S1} - U}{2} = \dfrac{24 - 14.769 - \text{j}1.846}{2}\text{A} = 4.70689\angle -11.3087^\circ \text{ A}$

$$P_{S1} = U_{S1} \cdot I_{S1} \cdot \cos(-11.3087^\circ) = 24 \times 4.70689 \cdot \cos(-11.3087^\circ) = 110.772\text{W}$$

$$\dot{I}_{S2} = \frac{\dot{U}_{S2} - \dot{U}}{\text{j}2} = \frac{12 - 14.769 - \text{j}1.846}{\text{j}2} = (0.923 - \text{j}1.3845)\text{A} = 1.664\angle -123.69^\circ \text{ A}$$

$$P_{S2} = U_{S2} \cdot I_{S2} \cdot \cos(-123.69^\circ) = -11.076\text{W}$$

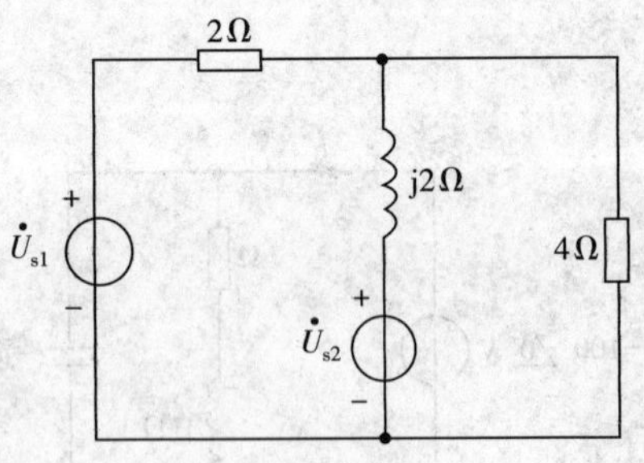

图 9－6

2Ω 电阻的消耗功率 $P_{R1} = I_{S1}^2 \times 2 = (4.70689^2 \times 2)\text{W} = 44.3096\text{W}$

4Ω 电阻的消耗功率 $P_{R2} = \dfrac{U^2}{4} = \dfrac{14.884^2}{4}\text{W} = 55.383\text{W}$

由于 $$P_{S1}+P_{S2}=P_{R1}+P_{R_2}$$

所以能量守恒。

9－8 某网络的输入阻抗为 $Z=20\angle 60^\circ\ \Omega$，外施电压为 $\dot{U}=100\angle -30^\circ\ \text{V}$。求网络消耗的功率及功率因数。

解题过程 $\lambda=\cos 60^\circ=\dfrac{1}{2}$（感性），$P=\dfrac{U^2}{|Z|}\lambda=\dfrac{10^4}{20}\cdot\dfrac{1}{2}=250\text{W}$

第五节

思考题

9－3 为提高电感性负载的功率因数，采用串联电容的办法是否可以？

解题过程 可以。

设原阻抗 $Z_O=R+\text{j}X_L$，若串联电容则 $Z=R+\text{j}(X_L-X_C)$。

当 $|X_L-X_C|<X_L$ 时，可以使 $\cos\varphi$ 增加。

9－4 用电压、电流的振幅来表示的 P、Q、S 公式应该是怎样的？

解题过程

$$P=UI\cos\varphi=\frac{1}{2}U_m I_m\cos\varphi$$

$$Q=UI\sin\varphi=\frac{1}{2}U_m I_m\sin\varphi$$

$$S=UI=\frac{1}{2}U_m I_m$$

练习题

9－9 已知某单口网络端口电压 $u(t)=75\cos(\omega t)\text{V}$，端口电流 $i(t)=10\cos(\omega t+30^\circ)\text{A}$，$u$ 和 i 为关联参考方向，求单口网络的 P、Q 和 λ。

解题过程 因为 $U=\dfrac{75}{\sqrt{2}}\text{V},I=\dfrac{10}{\sqrt{2}}\text{A},\varphi=\omega t-\omega t-30^\circ=-30^\circ$

$$\lambda=\cos\varphi=\frac{\sqrt{3}}{2}\text{（容性）}$$

所以 $$P=UI\cdot\lambda=\frac{750}{2}\times\frac{\sqrt{3}}{2}\text{W}=324.76\text{W}$$

$$Q = UI\sin\varphi = \frac{750}{2} \times \left(-\frac{1}{2}\right) = -187.5\text{var}$$

9－10 试确定 50kW 负载的无功功率及视在功率，若功率因数为：(1)0.80(电感性)；(2) 0.90(电容性)。

解题过程 (1)$\cos\varphi = 0.8$(感性)，则 $\sin\varphi = 0.6$

所以

$$P = UI \cdot 0.8 = 50\text{kW}$$

$$S = UI = 62.5k\text{V} \cdot \text{A}$$

$$Q = UI \cdot \sin\varphi = 37.5\text{kvar}$$

(2)$\cos\varphi = 0.9$(容性)，则 $\sin\varphi = -0.436$

$$P = UI \cdot 0.9 = 50\text{kW}$$

$$S = UI = 55.56\text{kV} \cdot \text{A}$$

$$Q = UI \cdot \sin\varphi = -24.216\text{kvar}$$

第六节

练习题

9－11 求单口网络的阻抗。若该网络在(1) 电压为230V时，吸收的复功率为 $4600\angle 30^\circ$ V·A；(2) 电流为12.5A时，吸收的复功率为 $5000\angle 45^\circ$ V·A；(3) 在电压为230V、电流为10A时，吸收无功功率－1500var。

解题过程 (1)$\tilde{S} = U \cdot I^* = \frac{U \cdot U^*}{Z^*} = \frac{U^2}{Z^*}$

所以 $Z = \frac{U^2}{\tilde{S}^*} = \frac{230^2}{4600\angle -30^\circ} = 11.5\angle 30^\circ = (9.96 + \text{j}5.75)\Omega$

(2)$\tilde{S} = U \cdot I^* = I \cdot I^* Z = I^2 \cdot Z$

所以

$$Z = \frac{\tilde{S}}{I^2} = \frac{5000\angle 45^\circ}{12.5^2} = (22.63 + \text{j}22.63)\Omega$$

(3) $|Z| = \frac{U}{I} = \frac{230}{10} = 23\Omega$

$$\sin\varphi = \frac{Q}{UI} = \frac{-1500}{2300} = -0.6522$$

所以 $$Z = |Z|\cos\varphi + \mathrm{j}|Z|\sin\varphi = (17.436 - \mathrm{j}15)\Omega$$

第七节

练习题

9－12 电路如图9－7所示，试求负载 R_L，获得最大功率时的 R_L 值，并求最大功率值。已知 $\dot{U}_s = 254\angle 30^\circ$ V。

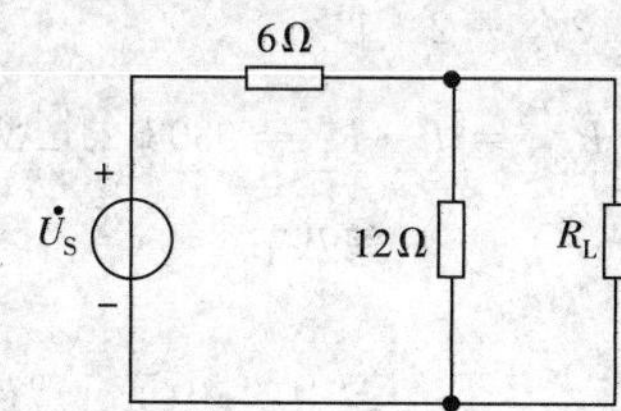

图9－7

解题过程 若要取得最大功率则 $R_L = |Z_0|$，因为 Z_L 相角固定为零

$$R_L = 12//6 = \frac{12\times 6}{12+6}\Omega = 4\Omega$$

$$P_{max} = \frac{U_{OC}^2}{4R_L} = \frac{(254\times\frac{12}{12+6})^2}{4\times 4} = 1792.1\mathrm{W}$$

9－13 电路如图9－8所示。求：(1) 获得最大功率时 Z_L 为何值？(2) 最大功率值；(3) 若 Z_L 为纯电阻，Z_L 获得的最大功率。

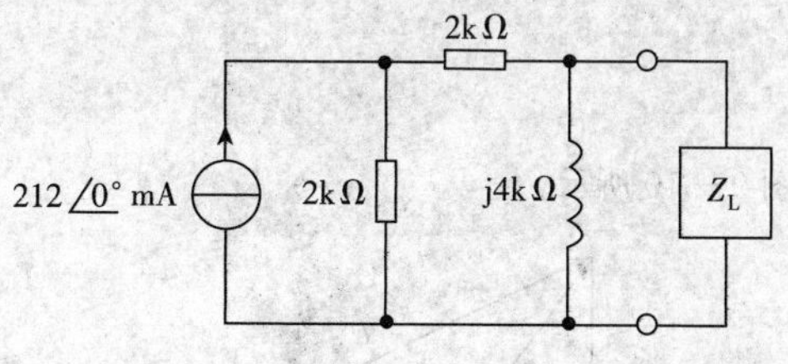

图9－8

解题过程 相量模型参数为 $$\dot{I}_{SC} = \frac{1}{2}\dot{I}_S = 106\angle 0^\circ\ \mathrm{mA}$$

$$Z_S = 4k//\mathrm{j}4k = (2+\mathrm{j}2)\mathrm{k}\Omega$$

$$\dot{U}_{OC} = \dot{I}_{SC}\cdot Z_S = (212+\mathrm{j}212)\mathrm{V}$$

(1) 获最大功率时 $Z_L = Z_S^* = 2 - j2 = 2.828\angle -45^\circ\ k\Omega$

(2) $P_{max} = \dfrac{U_{OC}^2}{4Re[Z_L]} = \dfrac{212^2 \times 2}{4 \times 2} = 11236mW = 11.236W$

(3) Z_L 为 R_L 时相角固定，取最大功率时

$$R_L = |Z_S| = 2\sqrt{2}\,k\Omega$$

$$\dot{I} = \frac{\dot{U}_{OC}}{Z_S + R_L} = \frac{212 + j212}{2\sqrt{2} + 2 + j2} = (53 + j21.9533)A = 57.367\angle 22.5^\circ\ A$$

最大功率 $P_{max} = I^2 \cdot R_L = 9308.21mW = 9.308W$

第八节

思考题

9－5 在把电源三相绕组作 Y 形联结时，如把 a′b′ 和 c 连在一起作为中性点，后果如何？

解题过程 以 U_a 为参考相量，作相量图如图 9－9 所示。

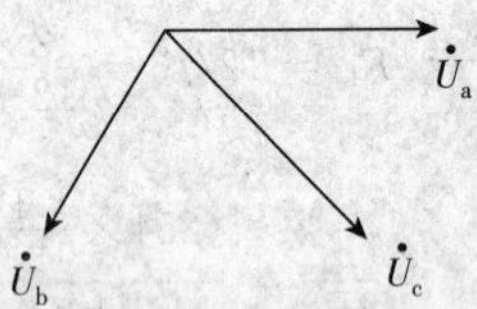

图 9－9

可见三相量之和不为零，使得 n 与 n' 的电位差不为零。

9－6 试绘三相 Y 形联结电源的相量图，包含三个相电压和三个线电压，已知 $\dot{U}_a = 100\angle 0^\circ\ V$，正相序。

解题过程 作相量图如图 9－10 所示。

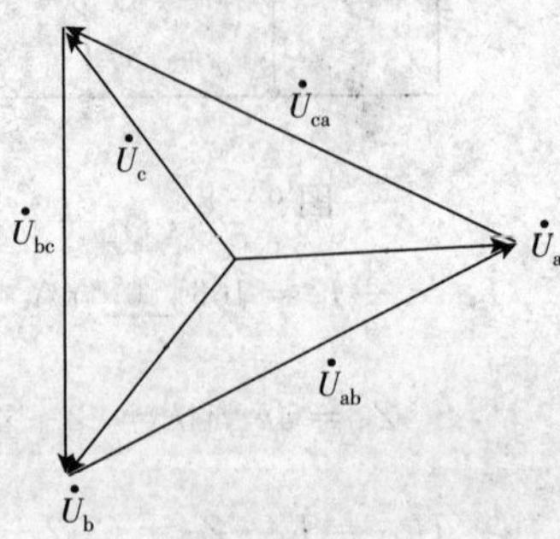

图 9－10

练习题

9－14 一台三相电动机接在380V的线路上使用，若功率为10kW，功率因数为0.8，求电流。

解题过程 三相电机为Δ形联结

$$P=\sqrt{3}UI\lambda=1.732\times380\times I\times0.8=526I$$

$$I=\frac{10^4}{526}\text{A}=19\text{A}$$

9－15 Y形联结对称负载每相阻抗$Z=(8+\text{j}6)\Omega$，线电压为220V，试求各相电流，并计算三相总功率。设相序为a－b－c。

解题过程 相电压为$U_{\text{P}}=\frac{U_{\text{L}}}{\sqrt{3}}=\frac{220}{\sqrt{3}}\text{V}$

设a相电压相位为0°，则

$$\dot{I}_a=\frac{\dot{U}_{\text{Pa}}}{Z}=\frac{220}{\sqrt{3}\times10\angle36.87^\circ}\text{A}=12.7\angle-36.87^\circ\text{ A}$$

$$\dot{I}_b=\dot{I}_a\cdot\angle-120^\circ=12.7\angle-156.87^\circ\text{ A}$$

$$\dot{I}_c=\dot{I}_b\cdot\angle-120^\circ=12.7\angle83.13^\circ\text{ A}$$

总功率 $P=3\cdot I_a^2\cdot Re[z]=(3\times12.7^2\times8)\text{W}=3870.96\text{W}$

9－16 正相序三相对称电源向对称Δ形联结负载供电，已知线电流$\dot{I}_a=12\angle40^\circ\text{ A}$，试求负载的相电流$I_{ab}$、$I_{bc}$和$I_{ca}$（见教材图9－28）。

解题过程 $I_{ab}=I_a\cdot\frac{1}{\sqrt{3}}\angle30^\circ=6.928\angle70^\circ\text{ A}$

$I_{bc}=I_{ab}\cdot\angle-120^\circ=6.928\angle-50^\circ\text{ A}$

$I_{ca}=I_{bc}\cdot\angle-120^\circ=6.928\angle-170^\circ\text{ A}$

课后习题全解

9－1 **解题过程** $P=I^2R=[(\frac{10\times10^{-3}}{\sqrt{2}})^2\times100]\text{W}=5\text{mW}$

9－2 解题过程 $\dot{U}_m=(10\underline{/0^\circ}-20\underline{/30^\circ})\text{V}=(10-17.32-\text{j}10\text{V})$

$$=(-7.32-\text{j}10\text{V})=12.39\underline{/-126.2^\circ}\ \text{V}$$

$$U=\frac{U_m}{\sqrt{2}}=\frac{12.39}{\sqrt{2}}\text{V}=8.76\text{V}$$

$$P=\frac{U^2}{R}=\frac{76.78}{10}\text{W}=7.68\text{W}$$

注:本题用有效值解答较简便。

9－3 解题过程 (1) 由 $\omega(t)$ 图形可知该元件为储能元件,又由 $u(t)$ 与 $\omega(t)$ 关系可知该元件是电容元件,所以

$$\omega(t)=\frac{1}{2}Cu^2(t)$$

而平均储能 $W=\frac{1}{2}CU^2$

所以 $C=\dfrac{2\times\frac{1}{2}\times10^{-3}}{(\frac{5}{\sqrt{2}})^2}\text{F}=80\mu\text{F}$

(2) 若 $f(t)=i(t)$,同理可知该元件应是电感元件,有 $\omega(t)=\frac{1}{2}Li^2(t)$。

而平均储能 $W=\frac{1}{2}LI^2$

$$L=\frac{2\times\frac{1}{2}\times10^{-3}}{(\frac{5}{\sqrt{2}})^2}\text{H}=80\mu\text{H}$$

9－4 解题过程 以 $\dot{I}_{sm}$ 为参考相量作相量模型如题 9－4 图解所示,根据分流关系得

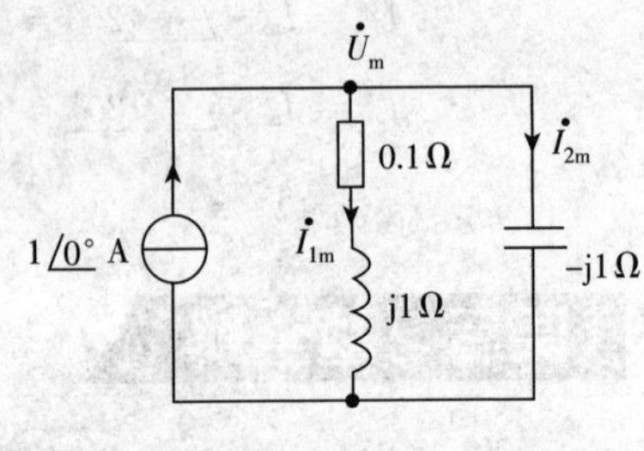

题 9－4 图解

$$\dot{I}_{1m}=(\frac{-\text{j}1}{0.1+\text{j}1-\text{j}1}\times1\underline{/0^\circ})\text{A}$$

$$=10\underline{/-90^\circ}\ \text{A}$$

$$\dot{I}_{2m}=(\frac{0.1+\text{j}1}{0.1+\text{j}1-\text{j}1}\times1\underline{/0^\circ})\text{A}$$

$$=10.06\underline{/84.3^\circ}\ \text{A}$$

$\dot{U}_m = -j\dot{I}_{2m} = 10.06\angle{-5.7^\circ}\ V$

所以(1) $W_L = \frac{1}{2}LI_1^2 = [\frac{1}{2}\times 1\times (10/\sqrt{2})^2]J$

$= 25J$

(2) $W_C = \frac{1}{2}CU^2 = [\frac{1}{2}\times 1\times (10.06/\sqrt{2})^2]J$

$= 25.25J$

(3) $W_R = PT = I_1^2R\times 2\pi = [(10/\sqrt{2})^2\times 0.1\times 2\pi]J = 31.41J$

9－5 **解题过程** 用节点法求出各支路的电流

$$\dot{I}_2 = \frac{\dot{U}}{2+j7}, \dot{I}_3 = \frac{\dot{U}}{4-j5}, \dot{I}_1 = \frac{\dot{U}_s - U}{3+j4}$$

根据 KCL $\dot{I}_2 + \dot{I}_3 - \dot{I}_1 = 0$

$$\left(\frac{1}{2+j7} + \frac{1}{4-j5} + \frac{1}{3+j4}\right)\dot{U} = \frac{\dot{U}_s}{3+j4}$$

从而可求得 $\dot{U} = \frac{\dot{U}_s}{(3+j4)(0.2553-j0.1701)}$

$$= \frac{\dot{U}_s}{1.5334\angle{19.452^\circ}} = 65.189\angle{-9.452^\circ}\ V$$

所以 $\dot{I}_2 = \frac{\dot{U}}{2+j7} = 8.9544\angle{-83.055^\circ}\ A$

$$\dot{I}_3 = \frac{\dot{U}}{4-j5} = 10.1808\angle{41.888^\circ}\ A$$

$$\dot{I}_1 = \dot{I}_2 + \dot{I}_3 = (8.6618 - j2.0912)A = 8.9107\angle{-13.573^\circ}\ A$$

则 j7Ω 电阻的无功功率为

$$Q_{L2} = U\cdot I_2 = 65.189\times 8.9544 = 583.728\text{var}$$

$$Q_{L1} = \omega L\cdot I_1^2 = 4\times 8.9107^2 = 317.602\text{var}$$

$$Q_C = -\frac{1}{\omega C}I_3^2 = -5\times 10.1808^2 = -518.243\text{var}$$

磁场储能平均值即为两电感储能均值之和

$$W_L = W_{L1} + W_{L2} = \frac{1}{2\omega}(Q_{L1} + Q_{L2}) = 450.665J$$

电场储能平均值即为电容储能均值

$$W_C = -\frac{1}{2\omega}Q_C = 259.117\text{J}$$

9－6 解题过程 (1) 作相量模型如题 9－6 图解所示。

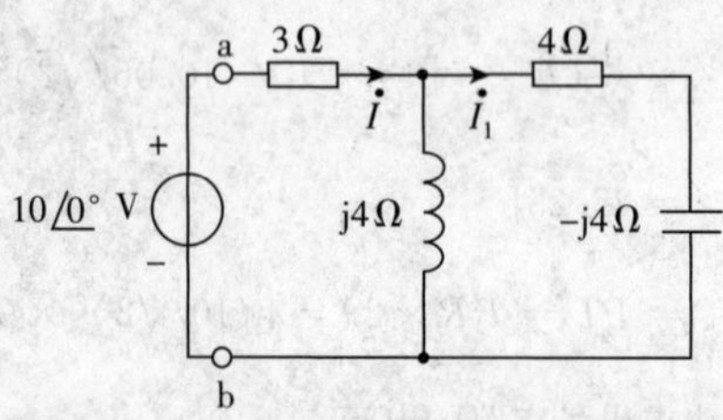

题 9－6 图解

单口网络的阻抗 Z_{ab} 为

$$Z_{ab} = [3 + \frac{j4(4-j4)}{j4+4-j4}]\Omega = (3+4+j4)\Omega = (7+j4)\Omega = 8.062\underline{/29.74^\circ}\ \Omega$$

可求得电流为

$$\dot{I} = \frac{10\underline{/0^\circ}}{8.062\underline{/29.74^\circ}}\text{A} = 1.24\underline{/-29.74^\circ}\ \text{A}$$

$$I = 1.24\text{A}$$

根据分流规律

$$\dot{I}_1 = \dot{I}(\frac{j4}{4-j4+j4}) = j\dot{I}$$

故知 $$\dot{I}_1 = \dot{I} = 1.24\text{A}$$

$$4\Omega\text{ 电阻的平均功率} = I_1^2 \times 4 = (1.24^2 \times 4)\text{W} = 6.15\text{W}$$

$$3\Omega\text{ 电阻的平均功率} = I^2 \times 3 = (1.24^2 \times 3)\text{W} = 4.61\text{W}$$

故得

$$P = (4.61 + 6.15)\text{W} = 10.76\text{W}$$

(2) 由(1) 的计算可知 $$\dot{I} = \frac{\dot{U}_S}{7+j4}$$

所以 $$\cos\varphi = \cos(\arctan\frac{4}{7}) = 0.868$$

$$P = U_S \cdot I \cdot \cos\varphi = 10 \times 1.24 \times 0.868 = 10.766\text{W}$$

9－7 解题过程 $p(t)=u(t)\cdot i(t)=U_{\mathrm{m}}\cdot I_{\mathrm{m}}\cos(\omega t+\varphi)\cdot\cos(\omega t)$

得 $I_2=\dfrac{12\ 60^\circ}{6.32\angle 18.4^\circ}A=1.9\angle 41.6^\circ A$

$$=\frac{U_{\mathrm{m}}\cdot I_{\mathrm{m}}}{2}[\cos(2\omega t+\varphi)+\cos\varphi]$$

从 $p(t)$ 的表达式可以看出，$p(t)$ 由两部分组成，其一为常数项 $UI\cos\varphi$，另一为以 2ω 波动的余弦项，且 $p(t)$ 是周期的。$p(t)$ 的周期是 $u(t)$ 和 $i(t)$ 周期的 $\frac{1}{2}$，其波形图如题 9－7 图解所示，平均功率 $P=\dfrac{U_{\mathrm{m}}I_{\mathrm{m}}}{2}\cdot\cos\varphi$。

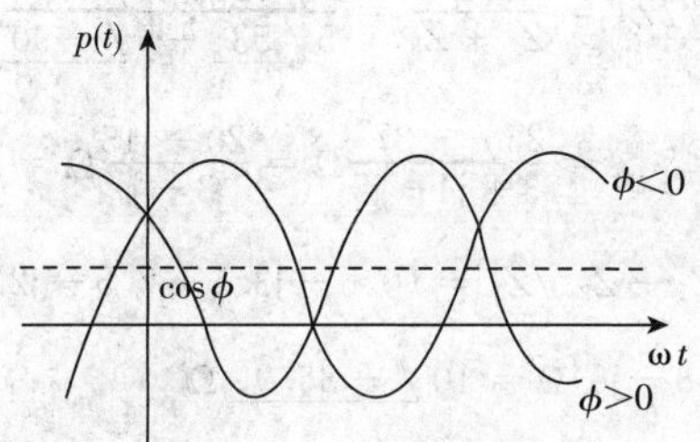

题 9－7 图解

从题 9－7 图解和 $p(t)$ 的表达式可以看出 $p(t)$ 绕平均功率上下波动，所以当 $\cos\varphi<0$ 时，在一整个循环内 $p<0$ 部分大于 $p>0$ 部分。

9－8 解题过程 将电路改画成题 9－8 图解，列网孔方程为

$$(2-\mathrm{j}4)\dot{I}_1-(-\mathrm{j}4)\dot{I}_2=12\angle 60^\circ$$

$$-(-\mathrm{j}4)\dot{I}_1+(4-\mathrm{j}4)\dot{I}_2=0$$

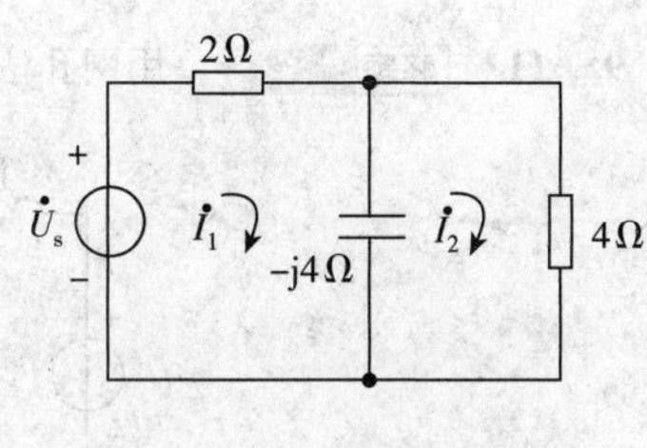

题 9－8 图解

$$\dot{I}_2=\frac{12\angle 60^\circ}{6+\mathrm{j}2}\mathrm{A}=\frac{12\angle 60^\circ}{6.32\angle 18.4^\circ}\mathrm{A}$$

$$=1.9\angle 41.6^\circ\ \mathrm{A}$$

$$\dot{I}_1=(1+\mathrm{j}1)\dot{I}_2=(\sqrt{2}\angle 45^\circ\times 1.9\angle 41.6^\circ)\mathrm{A}$$

$$=2.69\angle 86.6^\circ\ \mathrm{A}$$

$$P_{2\Omega}=I_1^2\times 2=(2.69^2\times 2)\mathrm{W}=14.444$$

$$P_{4\Omega}=I_2^2\times 4=(1.9^2\times 4)\mathrm{W}=14.44\mathrm{W}$$

电容功率为零。

所以电路的功率为 $P = P_{2\Omega} + P_{4\Omega} = 28.88\text{W}$

电源提供的功率为

$$P_u = U_s I_1 \cos\varphi = [12 \times 2.69\cos(60° - 86.6°)]\text{W} = 28.86\text{W}$$

9－9 解题过程

$$P = I^2 R = [5^2 \times (6+3)]\text{W} = 225\text{W}$$

$$Q = I^2 X = [5^2 \times (-6-3+4)]\text{var} = -125\text{var}$$

$$S = \sqrt{P^2 + Q^2} = \sqrt{(225^2) + (-125^2)} = 257\text{V}\cdot\text{A}$$

$$\lambda = \cos[\arctan(\frac{-6-3-4}{6+3})] = \cos(-29°) = 0.875(\text{电容性或超前})$$

9－10 解题过程

$$(1) Z_2 // Z_3 = \frac{Z_2 Z_3}{Z_2 + Z_3} = \frac{5\angle 53° \times 5\angle -90°}{5\angle 53° + 5\angle -90°}\Omega$$

$$= \frac{25\angle -37°}{3 + \text{j}4 - \text{j}5}\Omega = \frac{20 - \text{j}15}{3 - \text{j}}\Omega = (7.5 - \text{j}2.5)\Omega$$

$$Z = Z_1 + Z_2 // Z_3 = (0.5 - \text{j}3.5 + 7.5 - \text{j}2.5)\Omega$$

$$= (8 - \text{j}6)\Omega = 10\angle -36.9°\ \Omega$$

$$\dot{I} = \frac{100\angle -90°}{Z} = \frac{100\angle -90°}{10\angle -36.9°}\text{A} = 10\angle -53.1°\ \text{A}$$

$$(2) P = I^2 R = (10^2 \times 8)\text{W} = 800\text{W}$$

功率因数 $\lambda = \cos\varphi = \cos(-36.9°) = 0.8$(电容性)

9－11 解题过程 用网孔法求解,定义网孔如题 9－11 图解(b) 所示。

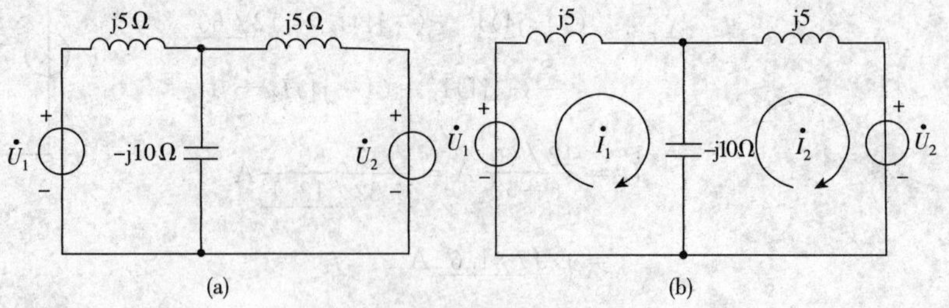

题 9－11 图解

$$\begin{cases}(\text{j}5 - \text{j}10)\dot{I}_1 + \text{j}10\dot{I}_2 = \dot{U}_1 \\ \text{j}10\dot{I}_1 + (\text{j}5 - \text{j}10)\dot{I}_2 = -\dot{U}_2\end{cases}$$

解得 $\dot{I}_1 = (\frac{10\sqrt{3}}{3} + \text{j}10)\text{A} = \frac{20}{\sqrt{3}}\angle 60°\ \text{A}, \dot{I}_2 = \frac{20}{\sqrt{3}}\angle 0°\ \text{A}$

对于 U_1 来说

$$P_1 = U_1 I_1 \cdot \cos 0^\circ = 100 \times \frac{20}{\sqrt{3}} = \frac{2000}{\sqrt{3}} \text{W} = 1155\text{W}$$

由于 I_1 和 U_1 取非关联参考方向，所以此为提供功率。

对于 U_2 来说

$$P_2 = U_2 I_2 \cdot \cos 0^\circ = \frac{20}{\sqrt{3}} \times 100 = \frac{2000}{\sqrt{3}} \text{W} = 1155\text{W}$$

由于 I_2 和 U_2 取关联参考方向，所以此为吸收功率。

9－12 解题过程 用相量法求解 $\dot{U}_a = \frac{10}{\sqrt{2}} \angle -30^\circ \text{ V}, U_b = \frac{5}{\sqrt{2}} \angle -120^\circ \text{ V}$

N_0 两端的电压为 $\dot{U}_o = U_a - U_b = \frac{5}{\sqrt{2}}[\sqrt{3} + \frac{1}{2} + \text{j}(\frac{\sqrt{3}}{2} - 1)]\text{V}$

总电流 $\dot{I} = \frac{\dot{U}_b}{Z_C} = \frac{\frac{5}{\sqrt{2}} \angle -120^\circ}{-\text{j}10} = \frac{1}{2\sqrt{2}} \angle -30^\circ \text{ A}$

N_0 的阻抗 Z_o 为

$$Z_o = \frac{\dot{U}_o}{\dot{I}} = 10 \frac{(\sqrt{3} + \frac{1}{2}) + \text{j}(\frac{\sqrt{3}}{2} - 1)}{1 \angle -30^\circ} = 22.361 \angle 26.565^\circ \ \Omega$$

所以 N_0 的电压电流间相位差为 26.565°。

$$P_o = U_o I \cdot \cos 26.565^\circ = I^2 \cdot |Z| \cdot \cos 26.565^\circ$$

$$= \frac{1}{8} \times 22.361 \times 0.8944 = 2.5\text{W}$$

9－13 解题过程 设电路中电流为 $\dot{I}$，对输电线部分有 $P_1 = I^2 R_1$，则

$$I = \sqrt{\frac{560}{0.08}} \text{A} = 83.67\text{A}$$

对负载部分有 $P_2 = U_2 I \cos\varphi$

$$\cos\varphi = \frac{12 \times 10^3}{220 \times 83.67} = 0.652$$

所以 $\qquad \varphi = 49.31^\circ$

注：本题考查对求解功率几个公式的灵活运用。

9－14 解题过程 (1) 对负载部分有 $\quad P = UI\cos\varphi$

所以 $\quad I=\dfrac{P}{U\cos\varphi}=\dfrac{2\times10^3}{240\times0.8}\text{A}=10.42\text{A}$

$\varphi=-36.87°$

$\dot{I}=10.42\angle 36.87°\ \text{A}=(8.34+\text{j}6.25)\text{A}$

$\dot{U}_1=(30+\text{j}5)\dot{I}=(30+\text{j}5)(8.34+\text{j}6.25)\text{V}$

$=(218.94+\text{j}229.2)\text{V}$

$\dot{U}_\text{s}=\dot{U}_1+240\angle 0°\ \text{V}=(218.94+240+\text{j}229.2)\text{V}=513\angle 26.54°\ \text{V}$

(2)$Z_\text{L}=\dfrac{\dot{U}}{\dot{I}}=\dfrac{240\angle 0°}{10.42\angle 36.87°}\Omega=23.03\angle -36.87°\ \Omega=(18.42-\text{j}13.82)\Omega$

负载相量模型为 18.42Ω 与 −j13.82Ω 串联，其时域模型为 R 与 C 串联。

9－15 解题过程 用相量图分析。作相量图如题 9－15 图解所示，以 $\dot{U}_\text{R}$ 为参考相量，由图可知

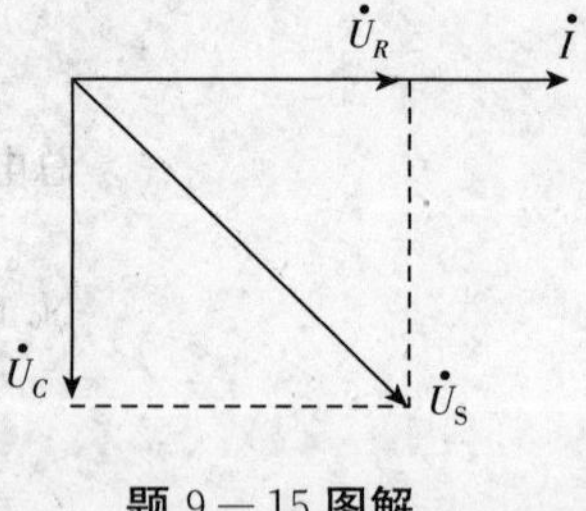

题 9－15 图解

$$U_R=\sqrt{U_\text{S}^2-U_\text{C}^2}=\sqrt{\left(\frac{12}{\sqrt{2}}\right)^2-6^2}\ \text{V}=6\text{V}$$

$$P=\frac{U_\text{R}^2}{R}=\frac{6^2}{R}=18\text{W}$$

解得 $\qquad R=2\Omega$

又由 $U_R=U_\text{C}$，可知

$$R=\frac{1}{\omega C}\quad C=\frac{1}{R\omega}=\frac{1}{2\times4}=\frac{1}{8}\mu\text{F}$$

9－16 解题过程 电路的相量模型如题 9－16 图解所示。

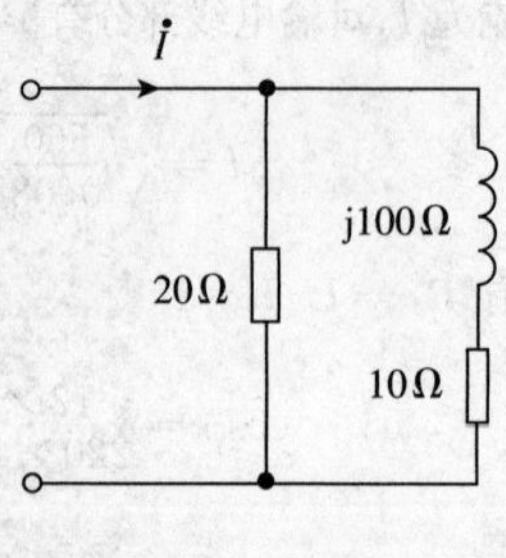

题 9－16 图解

$$Z=\frac{20(10+j100)}{20+10+j100}\Omega=\frac{20+j200}{3+j10}\Omega=(18.9+j3.67)\Omega$$

$$P=I^2R=10^2\times 18.9\text{W}=1890\text{W}$$

$$Q=I^2X=10^2\times 3.67\text{var}=367\text{var}$$

$$S=\sqrt{P^2+Q^2}=\sqrt{1890^2+367^2}\text{V}\cdot\text{A}=1925.3\text{V}\cdot\text{A}$$

9－17 解题过程 (1) 对负载部分有 $P=UI\cos\varphi$

$$I=\frac{P}{U\cos\varphi}=\frac{40\times 10^3}{220\times 0.84}\text{A}=216.45\text{A}$$

$$\varphi=32.86°$$

$$\dot{I}=216.45\underline{/-32.86}\ \text{A(电感性)}$$

$$P_l=I^2R_l=(216.45^2\times 0.1)\text{W}=4.685\text{kW}$$

$$Q_l=I^2X_l=(216.45^2\times 0.25)\text{var}=11.713\text{kvar}$$

(2) $$P_s=(40\times 10^3+4.685\times 10^3)\text{W}=44.685\text{kW}$$

$$Q_s=(11.713\times 10^3+220\times 216.45\times \sin 32.86°)\text{var}=37.55\text{kvar}$$

9－18 解题过程 若要使 $A=1$ 应使

$$Q=Q_L+Q_C=0$$

所以 $$Q_C=-Q_L=-8\text{var}$$

由于 $$Q_C=-\omega CU^2$$

所以 $$C=-\frac{Q_C}{\omega U^2}=\frac{8}{100\times(\frac{100}{\sqrt{2}})^2}\text{F}=16\mu\text{F}$$

9－19 解题过程 $$P=UI_1\cos\varphi_1$$

$$I_1=\frac{P}{U\cos\varphi_1}=\frac{60\times 10^3}{220\times 0.5}\text{A}=545.45\text{A}$$

$$P_{l1}=I_1^2R=(545.45^2\times 0.1)\text{W}=29.75\text{kW}$$

并联电容后各电流的相量关系如题 9－19 图解所示。

因 $$I\cos\varphi_2=I_L\cos\varphi_1$$

所以 $$I=\frac{545.45\times 0.5}{0.9}\text{A}=303.03\text{A}$$

$$I_C=I_L\sin\varphi_1-I\sin\varphi_2$$

$$=(545.45\times \sin 66.67°-303.03\times \sin 25.84°)\text{A}$$

$$= (500.85 - 132.09)\text{A} = 368.76\text{A}$$

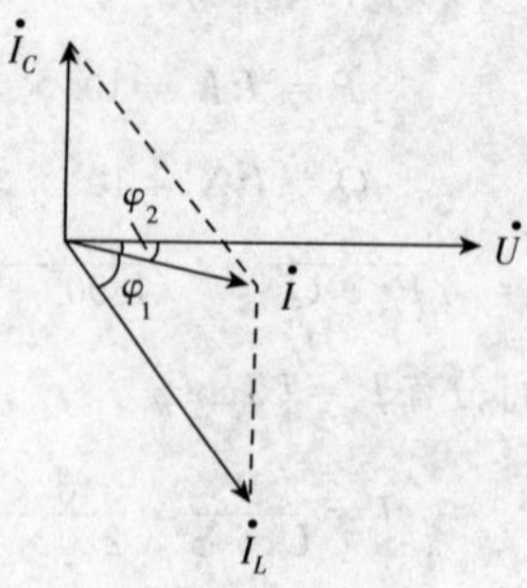

题 9－19 图解

因 $\dfrac{U}{I_C} = \dfrac{1}{\omega C}$（$\dfrac{\dot{U}}{\dot{I}_C} = Z_C = -\text{j}\dfrac{1}{\omega C} = \dfrac{1}{\omega C}\angle -90^\circ$ $\angle -90^\circ$，$\dfrac{U}{I_C} = \dfrac{1}{\omega C}$）

所以 $$C = \frac{I_C}{\omega U} = \frac{368.76}{314 \times 220}\text{F} = 5338\mu\text{F}$$

$$P_{l2} = I^2 R = (303.03^2 \times 0.1)\text{W} = 9.18\text{kW}$$

9－20 解题过程 (1)$\widetilde{S} = (5000 + \text{j}4000)\text{V} \cdot \text{A}$

$$\varphi = \arctan\left(\frac{4000}{5000}\right) = 38.66^\circ$$

$$\lambda = \cos 38.66^\circ = 0.781\text{（电感性）}$$

(2)$Q = UI\sin\varphi = S\sin\varphi$

$$\varphi = \arcsin\left(\frac{Q}{S}\right) = \arcsin\left(\frac{400}{220 \times 5.2}\right) = 20.47^\circ$$

$$\lambda = \cos 20.47^\circ = 0.937\text{（电感性）}$$

(3)$P = I^2 R$，所以 $R = \dfrac{P}{I^2} = \dfrac{5000}{4.8^2}\Omega = 217.01\Omega$

$$\varphi = \arccos\left(\frac{R}{Z}\right) = \arccos\left(\frac{217.01}{500}\right) = 64.28^\circ$$

$$\lambda = \cos 64.28^\circ = 0.434\text{（}Q < 0\text{，所以是电容性）}$$

(4) 设 $U = 400\angle \varphi_u$ V，则

$$Z = \frac{\dot{U}}{\dot{I}} = \frac{400\angle \varphi_u}{10\angle 40^\circ}\Omega = 40\angle \varphi_u - 40^\circ\ \Omega$$

$$R = \text{Re}[Z] = Z\cos(\varphi_u - 40^\circ) = 25\Omega$$

$$\lambda = \cos\varphi = \cos(\varphi_u - 40°) = \frac{25}{40} = 0.625(\text{电感性})$$

9－21 解题过程

$$P = (12000 + 560)\text{W} = 12560\text{W}$$

$$Q = U_2 I_2 \sin\varphi + I_2^2 \times 0.25 = (220 \times 83.67 \times \sin 49.31° + 83.67^2 \times 0.25)\text{var}$$

$$= (13957 + 1750)\text{var} = 15707\text{var}$$

$$\widetilde{S} = (12.56 + \text{j}15.71)\text{kV}\cdot\text{A} = 20.1\angle 51.36°\ \text{kV}\cdot\text{A}$$

$$\lambda = \cos 51.36° = 0.6244$$

$$U_s = \frac{S}{I} = \frac{20.1 \times 10^3}{83.67}\text{V} = 240.23\text{V}$$

9－22 解题过程 利用网孔法求解，其电路图如题 9－22 图解所示。

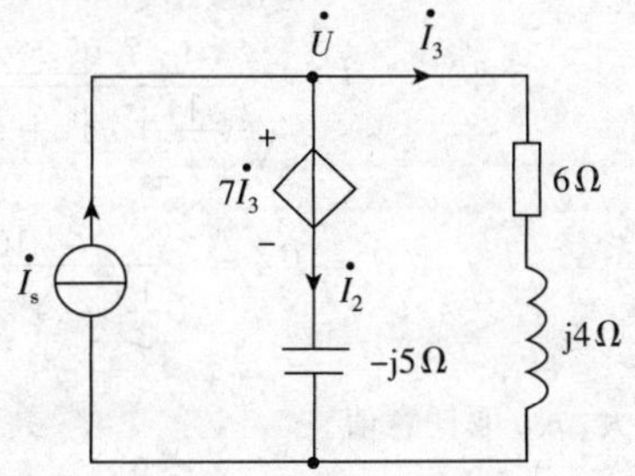

题 9－22 图解

$$-(-\text{j}5)\dot{I}_s + (6 + \text{j}4 - \text{j}5)\dot{I}_3 = 7\dot{I}_3$$

整理得

$$\text{j}5\dot{I}_s = (1 + \text{j}1)\dot{I}_3$$

$$\dot{I}_3 = \frac{\text{j}5}{1 + \text{j}1}\dot{I}_s = \frac{5 \times 10\angle 90°}{\sqrt{2}\angle 45°}\text{A} = 25\sqrt{2}\angle 45°\ \text{A}$$

$$\dot{I}_2 = \dot{I}_s - \dot{I}_3 = (10 - 25 - \text{j}25)\text{A} = (-15 - \text{j}25)\text{A}$$

$$= 29.15\angle -121°\ \text{A}$$

$$U = (6 + \text{j}4)\dot{I}_3 = (7.21\angle 33.7° \times 25\sqrt{2}\angle 40°)\text{V}$$

$$= 255\angle 78.7°\ \text{V}$$

$$\widetilde{S}_1 = -\dot{U}\dot{I}_s^* = (-10 \times 255\angle 78.7°)\text{V}\cdot\text{A} = 2550\angle -101.3°\ \text{V}\cdot\text{A}$$

$$= (-500 - \text{j}2500)\text{V}\cdot\text{A}$$

$$\widetilde{S}_2 = -\dot{U}\dot{I}_2^* = (255\angle 78.7° \times 29.15\angle 121°)\text{V}\cdot\text{A} = 7433\angle -160.3°\ \text{V}\cdot\text{A}$$

$$= (-7000 - \text{j}2500)\text{V}\cdot\text{A}$$

$$\widetilde{S}_3 = -\dot{U}\dot{I}_3^* = (255\angle 78.7^\circ \times 25\sqrt{2}\angle -45^\circ)\text{V}\cdot\text{A} = 9017\angle 33.7^\circ\ \text{V}\cdot\text{A}$$

$$= (7500 + \text{j}5000)\text{V}\cdot\text{A}$$

9－23 **解题过程** 以 a,b 为端口,求左侧电路的戴维南等效模型。

$$\dot{U}_{OC} = \frac{\text{j}}{1+\text{j}}\dot{U}_S = \frac{1}{2}\cdot(1+\text{j})U_S = (7.05 + \text{j}7.05)\text{V}$$

$$Z_O = 1//\text{j} = \frac{\text{j}}{1+\text{j}}\Omega = \frac{1}{2}(1+\text{j})\Omega$$

所以 $$\dot{I} = \frac{\dot{U}_{OC}}{Z_O + Z_L} = \frac{7.05(1+\text{j})}{(\frac{1}{2}+a)+\text{j}(\frac{1}{2}+b)}\text{A}$$

若 Z_L 获得最大功率,则

$$I = \frac{7.05\times\sqrt{2}}{\sqrt{(\frac{1}{2}+a)^2+(\frac{1}{2}+b)^2}}$$

$$P = I^2 a = \frac{100a}{(\frac{1}{2}+a)^2+(\frac{1}{2}+b)^2}$$

达到最大,a、b 取任意值。

由于只有 $\frac{1}{2}+b=0$ 时,分母才关于 b 最小,从而若 P 最大时必有 $b=-\frac{1}{2}$。

$$P = \frac{100a}{(\frac{1}{2}+a)^2} = \frac{100}{a+1+\frac{1}{4a}}$$

当 $a=\sqrt{\frac{1}{4}}=\frac{1}{2}$ 时,$a+\frac{1}{4a}=1$ 达到最小,从而 P 达到最大,即

$$P_{max} = \frac{100}{2}\text{W} = 50\text{W}(\text{此时 } Z_L = a+\text{j}b = \frac{1}{2}-\text{j}\,\frac{1}{2})$$

9－24 **解题过程** 先求断开 Z_L 后的戴维南等效电路

$$\dot{U}_{OC} = (12 + 4\times\text{j}4)\text{V} = 4\times(3+\text{j}4)\text{V}$$

将独立源置零,求 Z_O

$$Z_O = (4-\text{j}4)\Omega$$

所以,根据最大功率传递定理,当负载是输出阻抗的共轭时,可得到最大功率

即 $$Z_L = (4+\text{j}4)\Omega$$

$$P_{max} = \frac{U_{OC}^2}{4\text{Re}[Z_O]} = \frac{400}{4 \times 4}\text{W} = 25\text{W}$$

9－25 解题过程 画出电路的相量模型如题 9－25 图解(a) 所示，采用有效值相量。

(1) 断开 R_L 求等效内阻抗 Z_o，即 Z_{bc}，如题 9－25 图解(b) 所示。

$$Z_{ac} = \frac{(9+j6)\times j6}{9+j6+j6}\Omega = \frac{-36+j54}{9+j12}\Omega$$

$$= (1.44+j4.08)\Omega$$

$$Z_{bc} = \frac{(1.44+j4.08+j12)(-j6)}{1.44+j4.08+j12-j6}\Omega = (0.5-j9.5)\Omega$$

$$= 9.51\angle 87^\circ\ \Omega$$

R_L 获最大功率应取模匹配 $R_L = 9.51\Omega$。

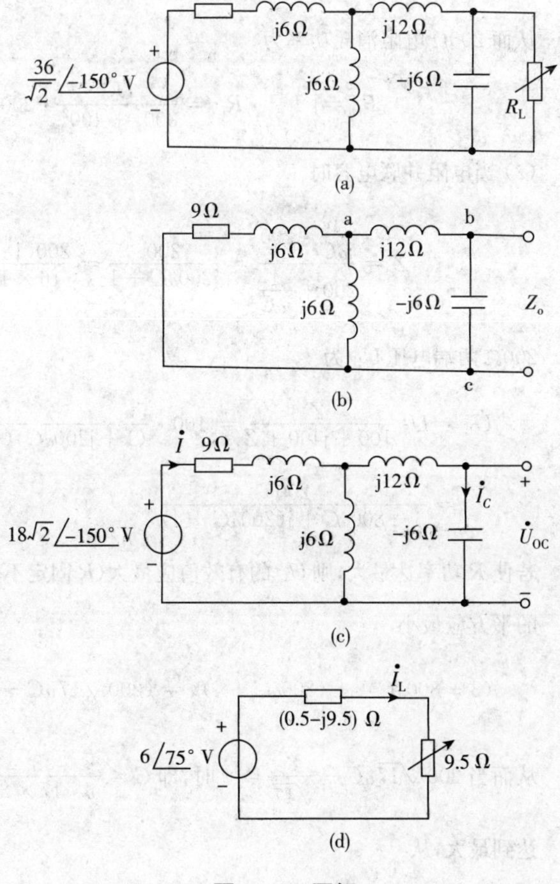

题 9－25 图解

(2) 求开路电压 $\dot{U}_{OC}$，如题 9－25 图解(c) 所示。

$$\dot{I}=\frac{18\sqrt{2}\angle -150^\circ}{9+j6+j3}A=\frac{18\sqrt{2}\angle -150^\circ}{9\sqrt{2}\angle 45^\circ}A=2\angle -195^\circ\ A$$

$$\dot{U}_{OC}=-j6\times\dot{I}_C=(6\angle -90^\circ\times\frac{2\angle -195^\circ}{2})V=6\angle 75^\circ\ V$$

(3) 求负载功率，如题 9－25 图解(d) 所示。

$$\dot{I}_L=\frac{6\angle 75^\circ}{10.01-j9.5}A=\frac{6\angle 75^\circ}{13.8\angle -43.5^\circ}A=0.435\angle 118.5^\circ\ A$$

$$P_L=I_L^2\times 9.51=(0.435^2\times 9.5)W=1.8W$$

9－26 解题过程 (1) 写出 $u_S(t)$ 的有效值相量形式

$$\dot{U}_S=100\angle 0^\circ,\omega=200\text{rad/s}$$

从而 200Ω 电阻消耗功率为

$$P_L=|I|^2\cdot R_L=\frac{\dot{U}_S^2}{300^2+400^2}\cdot 200=8W$$

(2) 当电阻并联电容时

$$Z=\frac{\frac{1}{j\omega C}\cdot 200}{200+\frac{1}{j\omega C}}=\frac{200}{j200\omega C+1}=\frac{200(1-j200\omega C)}{16\times 10^8C^2+1}$$

200Ω 两端电压 $\dot{U}_L$ 为

$$\dot{U}_L=\dot{U}_S\frac{Z}{100+j400+Z}=100\cdot\frac{200}{(1+j200\omega C)(100+j400)+200}$$

$$=\frac{200}{3-800\omega C+j(200\omega C+4)}$$

若使 R 功率达最大，则 $\dot{U}_L$ 的有效值应最大(R 固定不变) 所以分母部分的模的平方应最小

$$(3-800\omega C)^2+(200\omega C+4)^2=(200\sqrt{17}\omega C-\frac{8}{\sqrt{17}})^2+25-\frac{64}{17}$$

从而当 $200\sqrt{17}\omega C-\frac{8}{\sqrt{17}}=0$ 时，即 $C=\frac{8}{\omega\cdot 17\times 200}=11.765\mu F$ 时，U_L 达到最大，从

而 P_L 达到最大，即

$$P_{\text{Lmax}}=\frac{U_{\text{Lmax}}^2}{R_{\text{L}}}=\frac{200}{25-\frac{64}{17}}\text{W}=9.418\text{W}$$

9－27 解题过程 三相电源电压互成 120° 相位差

$$-\dot{U}_{\text{cd}}=U\angle 60^\circ-180^\circ=U\angle-120^\circ$$

$$-\dot{U}_{\text{ef}}=U\angle-60^\circ+180^\circ=U\angle 120^\circ$$

(1) 将 b、c、e 三端连接在一起形成 Y 形联结对称三相电源。

(2) 将 ac 连接，de 连接及 bf 连接在一起形成 Δ 形联结对称三相电源。

9－28 解题过程 单独分离一相得

$$\dot{I}_{\text{c}}=\frac{\dot{U}_{\text{c}}}{100\angle 20^\circ}=2.4\angle-20^\circ\ \text{A}$$

推知其他两相电流为

$$\dot{I}_{\text{b}}=2.4\angle 120^\circ-20^\circ\ \text{A}=2.4\angle 100^\circ\ \text{A}$$

$$\dot{I}_{\text{a}}=2.4\angle-120^\circ-20^\circ\ \text{A}=2.4\angle-140^\circ\ \text{A}$$

9－29 解题过程 相量图如题 9－29 图解所示，由于题中未指定初相，故解答以 a 相为初相。

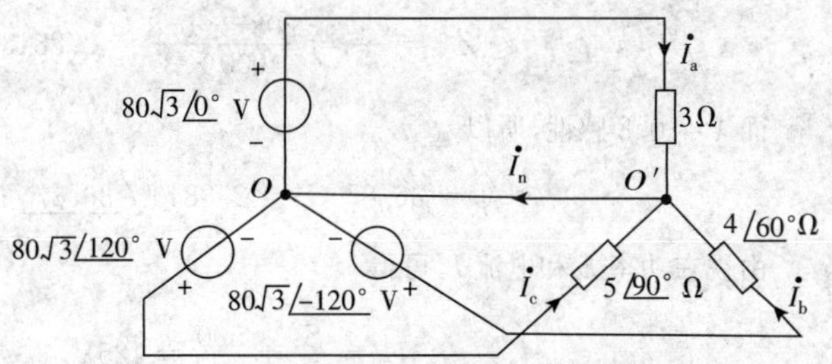

题 9－29 图解

$$相电压=\frac{240}{\sqrt{3}}\text{V}=80\sqrt{3}\,\text{V}$$

$$\dot{I}_{\text{a}}=\frac{80\sqrt{3}\angle 0^\circ}{3}\text{A}=46.19\angle 0^\circ\ \text{A}$$

$$\dot{I}_{\text{b}}=\frac{80\sqrt{3}\angle-120^\circ}{4\angle 60^\circ}\text{A}=34.64\angle-180^\circ\ \text{A}$$

$$\dot{I}_{\text{c}}=\frac{80\sqrt{3}\angle 120^\circ}{5\angle 90^\circ}\text{A}=27.71\angle 30^\circ\ \text{A}$$

$$\dot{I}_{\text{n}}=\dot{I}_{\text{a}}+\dot{I}_{\text{b}}+\dot{I}_{\text{c}}=(46.19-34.64+27.71\cos 30^\circ+\text{j}27.71\sin 30^\circ)\text{A}$$

$$=(35.55+\text{j}13.86)\text{A}=38.15\angle 21.3^\circ\ \text{A}$$

9－30 解题过程 $\dot{I}_{ab}=\dfrac{\dot{I}_a}{\sqrt{3}}\angle -30^\circ=\dfrac{35}{\sqrt{3}}\angle -20^\circ-30^\circ\ \text{A}=20.2\angle -50^\circ\ \text{A}$

由于负相序，则

$$\dot{I}_{bc}=20.2\angle -50^\circ+120^\circ\ \text{A}=20.2\angle 70^\circ\ \text{A}$$

$$\dot{I}_{ca}=20.2\angle -50^\circ-120^\circ\ \text{A}=20.2\angle -170^\circ\ \text{A}$$

9－31 解题过程

$$P=\frac{P_o}{\eta}=(\frac{3.7}{0.8}\times 10^3)\text{W}=4.625\text{kW}$$

$$P=\sqrt{3}U_L i_L\cos\varphi=\sqrt{3}\times 220 i_L\times 0.8=302.2 i_L$$

$$i_L=\frac{4.625\times 10^3}{302.2}\text{A}=15.3\text{A}$$

9－32 解题过程 由线电压 $U_P=208\text{V}$，可推得相电压为 $U_L=\dfrac{208}{\sqrt{3}}\text{V}$

$$P=3\cdot U_L\cdot i_L\cdot\lambda=3\times\frac{208}{\sqrt{3}}\cdot i_L\cdot 0.8=12000\text{W}$$

$$i_L=\frac{12000\sqrt{3}}{3\times 208\times 0.8}=\frac{4000\sqrt{3}}{208\times 0.8}\text{A}$$

$$|Z|=\frac{U_L}{i_L}=\frac{208^2\times 0.8}{4000\times 3}=2.8843\Omega$$

而 $\lambda=0.8$ 感性，所以

$$\varphi=36.87^\circ, Z=2.8843\angle 36.87^\circ\ \Omega$$

9－33 解题过程 由视在功率 S 和电流 I，可得

$$U=\frac{S}{I}=\frac{500}{4}=125\text{V}$$

$$|Z|=\frac{U}{I}=\frac{125}{4}=31.25\Omega$$

由于功率因数 $\lambda=0.6$(容性)，所以

$$Z=(31.25\times 0.6-\text{j}31.25\times 0.8)\Omega=(18.75-\text{j}25)\Omega$$

从而可知未知电路阻抗为

$$\widetilde{Z}=Z-10=(8.75-\text{j}25)\Omega$$

9－34 解题过程 先由定义求瞬时功率得

$$p(t)=u(t)\cdot i(t)$$

设 $$u(t)=\sqrt{2}U\cdot\cos(\omega t+\varphi_1)$$

则 $$i(t)=\sqrt{2}I\cdot\cos(\omega t+\varphi_1-\varphi)$$

$$p(t) = 2UI \cdot \cos(\omega t + \varphi 1) \cdot \cos(\omega t + \varphi 1 - \varphi)$$

$$= UI \cdot [\cos(2\omega t + 2\varphi_1 - \varphi) + \cos\varphi]$$

$$= UI \cdot \cos\varphi \cdot [1 + \cos(2\omega t + 2\varphi_1)] + UI \cdot \sin\varphi \cdot \sin(2\omega t + 2\varphi_1)$$

从而 $$P_a = UI \cdot \cos\varphi[1 + \cos(2\omega t + 2\varphi)]$$

$$P_\tau = UI \cdot \sin\varphi \cdot \sin(2\omega t + 2\varphi)$$

所以 $P_a(t) \geqslant 0$,对任一时刻 t,其一周期的平均值为

$$\frac{1}{T}\int_0^T P_a(t)\mathrm{d}t - UI\cos\varphi - P$$

而$\frac{1}{T}\int_0^T P_a(t)\mathrm{d}t = 0, Q = UI\sin\varphi$ 即 $P_r(t)$ 的振幅。

9－35 解题过程 按题意画出电路如图 9－39 所示。

$$P_1 = \frac{1500}{\eta} = \frac{1500}{0.8}\mathrm{W} = 1875\mathrm{W}$$

$$P_2 = S_2\cos\varphi_2 = (1000 \times 0.95)\mathrm{W} = 950\mathrm{W}$$

$$Q_2 = -S_2\sin\varphi_2 = -(1000 \times 0.312)\mathrm{var} = -312\mathrm{var}$$

则两者并联后 $$P = P_1 + P_2 = 2825\mathrm{W}$$

$$Q = Q_1 + Q_2 = Q_1 - 312$$

因为 $$\cos\varphi = 0.9, \varphi = 25.84^\circ$$

$$\tan\varphi = \frac{Q}{P} = \frac{Q_1 - 312}{2825} = \tan 25.84^\circ = 0.484$$

所以 $$Q_1 = (2825 \times 0.484 + 312)\mathrm{var} = 1680\mathrm{var}$$

感应电动机的功率因数角 φ_1 为

$$\tan\varphi_1 = \frac{Q_1}{P_1} = \frac{1680}{1875} = 0.896$$

$$\varphi_1 = 41.86^\circ$$

$$\lambda = \cos\varphi_1 = 0.745(\text{电感性})$$

9－36 解题过程 $\cos\varphi_1 = 0.6, \varphi_1 = 53.1^\circ; \cos\varphi_2 = 0.9, \varphi_2 = 25.84^\circ$

$$P_1 = S_1\cos\varphi_1 = (2.5 \times 10^3 \times 0.6)\mathrm{W} = 1.5\mathrm{kW}$$

$$Q_1 = S_1\sin\varphi_1 = (2.5 \times 10^3 \times \sin 53.1^\circ)\mathrm{var} = 2\mathrm{kvar}$$

并联电容后,负载功率应保持不变,即 $P_2 = P_1 = S_2\cos\varphi_2$

所以 $S_2 = \frac{1.5 \times 10^3}{0.9}\mathrm{V \cdot A} = 1666.67\mathrm{V \cdot A}, Q_2 = S_2\sin 25.84^\circ = 726\mathrm{var}$

$$Q_C = -(Q_1 - Q_2) = -(2000 - 726)\mathrm{var} = -1274\mathrm{var}$$

第十章

频率响应　多频正弦稳态电路

知识点精析

一、基本概念

1. 频率响应

电路响应与频率的关系。

2. 多频正弦激励的划分

多频正弦激励大致可分为两种情况：

(1) 电路激励为非正弦周期波，如方波、三角波等。

(2) 电路激励为多个不同频正弦波，频率不一定成整倍数。

注意：用以表征某一频率正弦激励的相量本身并未含有频率因素，阻抗、导纳等则很明显地与 $j\omega$ 有关。

二、再论阻抗和导纳

输入阻抗 Z 是 $j\omega$ 的函数，一般来说 $|Z|$ 和 φ_Z 也是 ω 的函数，即

$$Z(j\omega)=|Z(j\omega)|\underline{/<\varphi(\omega)}$$

$|Z|$ 与频率的关系称为输入阻抗的幅频特性，φ_Z 与频率的关系称为输入阻抗的相频特性。

三、正弦稳态网络函数

1. 网络函数的定义

对相量模型，在单一激励条件下，网络函数定义为

$$H(j\omega)=\frac{\text{响应相量}}{\text{激励相量}}$$

电路的任何一个网络函数（策动点函数和转移函数）的幅频特性曲线和相频特性曲线都可称为在指定输入和输出下的频率响应。

单口网络从端口电压（电流）到端口电流（电压）的网络函数称为策动点函数。

2. RC 低通电路

低频正弦信号比高频正弦信号更易于通过的电路称为 RC 低通（简称 LP）电路。

由于相频特性，$\omega\to\infty$ 时，相移角 φ 单调趋于 $-90°$，$\varphi<0$，所以 RC 一阶 LP 电路又称为滞后网络。

当 $|H_u|=0.707$ 时，$\omega=\frac{1}{\tau}$，功率降低一半，$\frac{1}{\tau}$ 称为半功率点频率，记为 ω_c，即

$$\omega_c=\frac{1}{\tau}$$

0 到 ω_c 范围定义为低通滤波器的通频带（简记为 BW），ω_c 又称为截止频率。

四、正弦稳态的叠加

1. 当正弦电源的频率相同时

运用时，我们总是先分别算出各正弦电源单独作用下的正弦稳态响应分量。当正弦电源频率相同时，这些分量都是相同频率的正弦波，同频率正弦波之和仍为一同频率的正弦波，此即所求的正弦稳态响应。

2. 当正弦电源的频率不同时

当正弦电源频率不相同时，这些分量是些不同频率的正弦波，不同频率正弦波之和不再是正弦波，此即为所求的响应，波形视具体情况而定。

五、平均功率的叠加

(1) 叠加原理不适用于瞬时功率。

(2) 多个不同频率的正弦电流(电压) 产生的平均功率等于每一正弦电流(电压) 单独作用时所产生的平均功率的总和。

(3) 计算方法如下：设流过电阻 R 的电流可表示为

$$i(t)=I_0+I_{1m}\cos(\omega_1 t+\psi_1)+I_{2m}\cos(\omega_2 t+\psi_2)+\cdots+I_{Nm}\cos(\omega_N t+\psi_N)$$

其中 I_0 为直流电流(其频率可视为零)，ω_1、ω_2、…、ω_N 各不相同，且比值为有理数(不一定为整数)，则由叠加原理可得一个公周期的平均功率为

$$\begin{aligned}P&=I_0^2R+\left(\frac{I_{1m}}{\sqrt{2}}\right)^2R+\left(\frac{I_{2m}}{\sqrt{2}}\right)^2R+\cdots+\left(\frac{I_{Nm}}{\sqrt{2}}\right)^2R\\&=I_0^2R+I_1^2R+I_2^2R+\cdots+I_N^2R\\&=P_0+P_1+P_2+\cdots+P_N\end{aligned} \quad ①$$

其中 I_1、I_2…、I_N 为各不同频率正弦电流的有效值。在 $\omega_1<\omega_2<\cdots<\omega_N$，且频率成整数倍的情况下，则 $i(t)$ 的周期为 $T_1=\frac{2\pi}{\omega_1}$，① 式所示为一个周期 T_1 的平均功率。

六、RLC 电路的谐振

1. 谐振条件

RLC 串联电路输入阻抗 $\qquad Z(\mathrm{j}\omega)=R+\mathrm{j}(\omega L-\frac{1}{\omega C})$

当 $\omega L=\frac{1}{\omega C}$ 时，输入阻抗虚部为零，为纯电阻，此时电路发生谐振。

谐振频率 $$\omega_0 = \frac{1}{\sqrt{LC}}$$

2. *RLC* 串联电路的品质因数

$$Q = \frac{U_c}{U} = \frac{I_0/\omega_0 C}{I_0 R} = \frac{1}{\omega RC} = \frac{\omega_0 L}{R}$$

3. 品质因数 *Q* 与通频带(*BW*) 的关系

品质因数 Q 越高,通频带(BW) 越窄。

思考题与练习题解答

第二节

思考题

10－1 $X_L(\omega)$ 和 $X_C(\omega)$ 的曲线是怎样的?RLC 串联电路的 $X(\omega)$ 的曲线又是怎样的?$X(\omega)=0$ 时,频率(这一频率称为该电路的谐振频率)是多少?设外施电压的有效值为 U_s,此时电流是多少?

解题过程 $X_L(\omega)=\omega L$,是一条过原点的直线。

$X_C(\omega)=-\dfrac{1}{\omega C}$,是负倒数曲线。

RLC 串联电路中,阻抗

$$Z(j\omega) = R + j(\omega L - \frac{1}{\omega C})$$

$$X(\omega) = \omega L - \frac{1}{\omega C}$$

图形如图 10－1 所示。

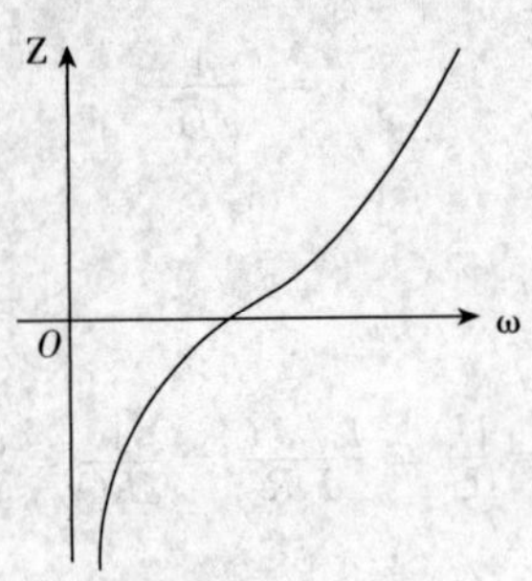

图 10－1

若 $X(\omega)=0$，则 $\omega=\dfrac{1}{\sqrt{LC}}$

此时 $$I=\frac{u_s}{R}$$

10－2 电路如图 10－2 所示，问频率 ω 为多大时，稳态电流 $i(t)$ 为零？

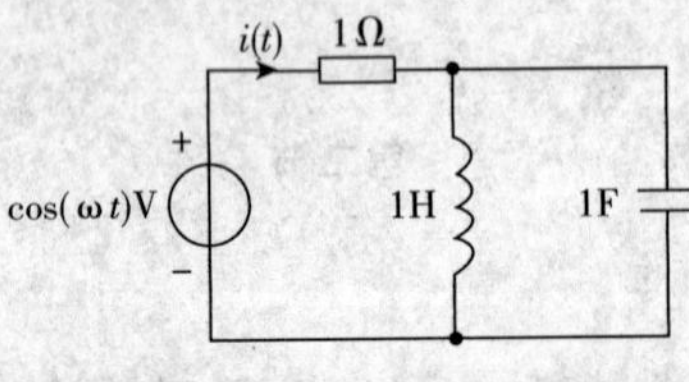

图 10－2

解题过程 电路的输入阻抗为

$$Z(\mathrm{j}\omega)=1+\mathrm{j}\omega\,/\!/\,\frac{1}{\mathrm{j}\omega}=1+\mathrm{j}\frac{\omega}{1-\omega^2}$$

所以 $$\dot{I}(\mathrm{j}\omega)=\frac{\dot{U}_s}{Z(\mathrm{j}\omega)}=\frac{\dot{U}_s}{1+\mathrm{j}\dfrac{\omega}{1-\omega^2}}=0$$

由于 $\dot{U}_s$ 不为零

所以 $$\frac{1}{1+\mathrm{j}\dfrac{\omega}{1-\omega^2}}=\frac{1-\omega^2}{(1-\omega^2)+\mathrm{j}\omega}=0$$

由于 $\omega\geqslant 0$

所以 $$1-\omega^2+\mathrm{j}\omega\neq 0,1-\omega^2=0$$

所以当 $\omega=1\mathrm{rad/s}$ 时，$I(\mathrm{j}\omega)=0$。

第三节

思考题

10－3 试根据电抗和频率的关系来说明教材图 10－8 所示电路是低通电路；图 10－4 所示电路是高通电路。试用相量图来说明教材图 10－8 及图 10－4 所示电路分别为滞后网络及超前网络。

解题过程 教材图 10－8 所示电路电抗为 $X=-\frac{1}{\omega C}$。

可见随着频率的增加，电抗值的减小，从而它对 u_1 的分压会变小。所以此电路阻碍了高频电压的传递，所以是低通电路。

图 10－4 所示电路电抗相同，但 u_2 是电阻的分压。随着 ω 的增加，X 的分压减小，从而 R 的分压 u_2 增加，所以是高通滤波电路。

以 $\dot{I}$ 为基准，对于教材图 10－8 的相量图如图 10－3(a) 所示；以 $\dot{I}$ 为基准，对于图 10－4 的相量图如图 10－3(b) 所示。

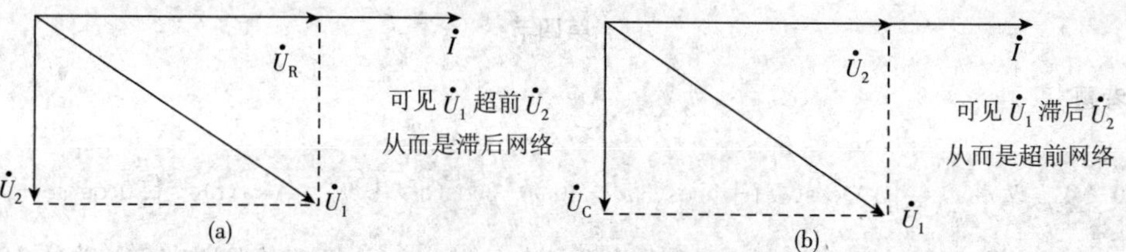

图 10－3

练习题

10－1 试求图 10－4 所示 RC 电路的 H_u。绘出电路的频率响应曲线。说明该电路具有高通及相位超前的性质。计算截止频率 ω_0 与电路参数的关系。

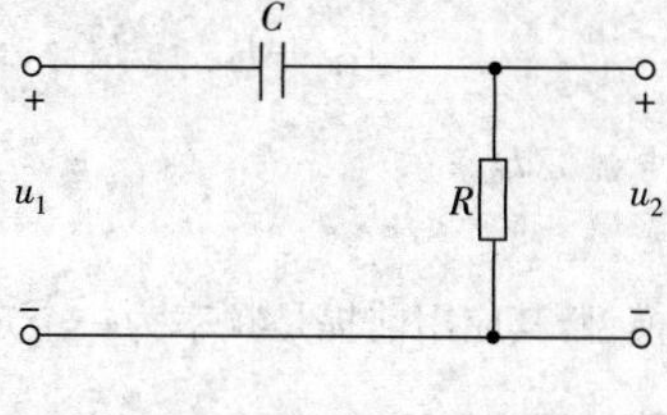

图 10－4

解题过程 $H_u(\mathrm{j}\omega)=\dfrac{R}{R-\mathrm{j}\dfrac{1}{\omega C}}=\dfrac{\omega RC}{\omega RC-\mathrm{j}}$

$|H_u(\mathrm{j}\omega)|=\dfrac{\omega RC}{\omega^2R^2C^2+1}$，其幅频特性曲线如图 10－5(a) 所示。

$\varphi_u(\mathrm{j}\omega)=\arctan\dfrac{1}{\omega RC}$，其相频特性曲线如图 10－5(b) 所示。

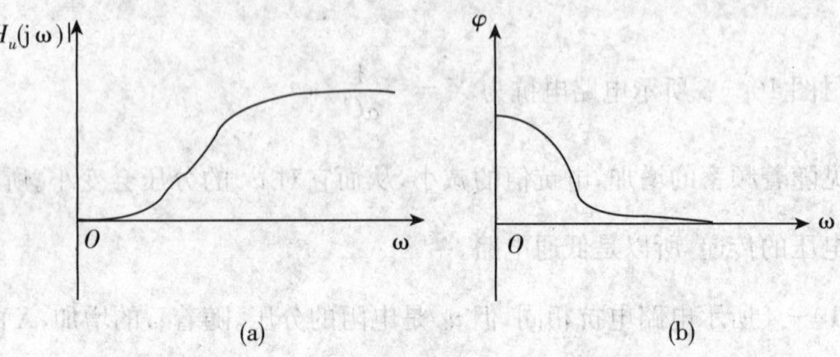

图 10－5

从而可见，$\varphi_u(\mathrm{j}\omega)$ 总大于 0，所以有超前的性质，而在幅频特性中随 ω 的增大，$|H_u|$ 增大，所以有高通的性质。

第四节

思考题

10－4 设 $i_1(t)=[100\cos(\omega t)+5\cos(3\omega t-30°)-3\cos(5\omega t+60°)]\mathrm{A}$，$i_2(t)=[20\cos(\omega t-30°)+10\cos(5\omega t+45°)]\mathrm{A}$，如果要求出 $i(t)=i_1(t)+i_2(t)$。下列的做法对不对?为什么?

先求出 $i_1(t)$、$i_2(t)$ 的相量分别为

$$\dot{I}_{1\mathrm{m}}=(10\angle 0°+5\angle -30°-3\angle 60°)\mathrm{A}$$

$$\dot{I}_{2\mathrm{m}}=(20\angle -30°+10\angle 45°)\mathrm{A}$$

再求出这两相量之和

$$\dot{I}_{1\mathrm{m}}+\dot{I}_{2\mathrm{m}}\approx\dot{I}_{\mathrm{m}}$$

由此可得 I_m 所对应的电流 $i(t)$。

解题过程 不对。因为对于相量模型，其应用前提是频率为一个定值并且已知，不同频率之间的相量不能直接相加，计算过程应为

基频时 $$\dot{I}_{11}=\frac{10}{\sqrt{2}}\angle 0°,\dot{I}_{21}=\frac{20}{\sqrt{2}}\angle -30°$$

$$\dot{I}_1=\dot{I}_{11}+\dot{I}_{22}=\frac{1}{\sqrt{2}}(10+10\sqrt{3}-\text{j}10)\text{A}=\frac{1}{\sqrt{2}}29.093\angle -20.104°\ \text{A}$$

$$i_1=29.093\cos(\omega t-20.104°)\text{A}$$

3 倍频　由于 i_2 无分量

$$i_3=5\cos(3\omega-30°)\text{A}$$

5 倍频 $$\dot{I}_{15}=-\frac{3}{\sqrt{3}}\angle 60°\ \text{A},\dot{I}_{25}=\frac{10}{\sqrt{2}}\angle 45°\ \text{A}$$

所以 $$\dot{I}_5=\dot{I}_{15}+\dot{I}_{25}=\frac{1.5-\text{j}2.598+7.071+\text{j}7.071}{\sqrt{2}}\text{A}$$

$$=\frac{1}{\sqrt{2}}(8.571+\text{j}4.473)\text{A}$$

$$=\frac{1}{\sqrt{2}}\cdot 9.668\angle 27.559°\ \text{A}$$

所以 $$i_5=9.668\cos(5\omega+27.559°)\text{A}$$

$$i(t)=i_1+i_3+i_5$$

$$=[29.093\cos(\omega t-20.104°)+5\cos(3\omega-30°)+9.668\cos(5\omega+27.559°)]\text{A}$$

练习题

10－2　某网络的网络函数

$$H(\text{j}\omega)=\frac{1}{1+\text{j}\omega}$$

(1) 若激励为 $3\cos(2t)+4\sin(2t)$，求响应；

(2) 若激励为 $3\cos t+4\sin(2t)$，求响应。

解题过程　(1) 对激励的相量模型

$$\dot{X}=\frac{1}{\sqrt{2}}=(3-\text{j}4)\quad \omega=2\text{rad/s}$$

响应 $$\dot{Y}=H(\text{j}2)\cdot\dot{X}=\frac{3-\text{j}4}{\sqrt{2}(1+\text{j}2)}=-\frac{1}{\sqrt{2}}(1+\text{j}2)$$

所以 $$y(t)=-\cos 2t+2\sin 2t$$

(2) 基频 $\omega = 1, \dot{X}_1 = \frac{1}{\sqrt{2}}3\angle 0°$

$$\dot{Y}_1 = H(\mathrm{j}1)\cdot\dot{X}_1 = \frac{1}{\sqrt{2}}\times\frac{3}{1+\mathrm{j}} = \frac{1}{\sqrt{2}}\times 2.12\angle -45°$$

二次谐波 $\omega = 2\quad \dot{X}_2 = \frac{1}{\sqrt{2}}\times 4\angle -90° = \frac{1}{\sqrt{2}}\cdot(-\mathrm{j}4)$

$$\dot{Y}_2 = H(\mathrm{j}2)\cdot\dot{X}_2 = \frac{1}{\sqrt{2}}\times\frac{1}{1+\mathrm{j}}\cdot(-\mathrm{j}4) = \frac{1}{\sqrt{2}}\times 1.789\angle -153.43°$$

所以 $y(t) = y_1(t) + y_2(t) = 2.12\cos(t-45°) + 1.789\cos(2t-153.43°)$

第五节

练习题

10－3 图 10－20 所示电路中，$R = 10\Omega$，求 P，若：

(1)$u_{S1}(t) = 10\cos(100t)\mathrm{V}, u_{S2}(t) = 20\cos(100t+30°)\mathrm{V}$；

(2)$u_{S1}(t) = 20\cos(t+25°)\mathrm{V}, u_{S2}(t) = 30\sin(5t-50°)\mathrm{V}$。

解题过程 (1) 两电源同频率

$$\dot{U}_{S1} = \frac{1}{\sqrt{2}}10\angle 0°\ \mathrm{V}, \dot{U}_{S2} = \frac{20}{\sqrt{2}}\angle 30°\ \mathrm{V}$$

$$\dot{I} = \frac{\dot{U}_{S1}-\dot{U}_{S2}}{R} = \frac{-7.321-\mathrm{j}10}{10\sqrt{2}} = \frac{1}{\sqrt{2}}1.2393\angle -121.21°\ \mathrm{A}$$

$$P = I^2\cdot R = \frac{1}{2}\times 1.2393^2\times 10 = 7.679\mathrm{W}$$

(2) 两电源不同频率，分别计算平均功率。

$$U_{S1} = \frac{20}{\sqrt{2}}\mathrm{V}, P_1 = \frac{U_{S1}^2}{R} = \frac{400}{20} = 20\mathrm{W}$$

$$U_{S2} = \frac{30}{\sqrt{2}}\mathrm{V}, P_2 = \frac{U_{S2}^2}{R} = \frac{900}{20} = 45\mathrm{W}$$

$$P = P_1 + P_2 = 65\mathrm{W}$$

10－4 求下列电流的有效值：

(1)$i(t) = [10\sin(\omega t) + 20\cos(\omega t + 30°)]\mathrm{A}$

(2)$i(t) = [10\sin(\omega t) + 20\cos(2\omega t + 10°)]\mathrm{A}$

(3)$i(t) = 15[1 + \cos(314t)]\mathrm{A}$

解题过程 $\dot{I}=\frac{10}{\sqrt{2}}\angle -90^\circ+\frac{20}{\sqrt{2}}\angle 30^\circ \text{ A}=\frac{10}{\sqrt{2}}(-\text{j}+1.732+\text{j})\text{A}=\frac{17.32}{\sqrt{2}}\angle 0^\circ \text{ A}$

$=12.247\angle 0^\circ \text{ A}$

$$I=12.247\text{A}$$

(2) 基频 $I_1=\frac{10}{\sqrt{2}}\text{A}$,二次谐波 $I_2=\frac{20}{\sqrt{2}}\text{A}$。

$$I=\sqrt{I_1^2+I_2^2}=\sqrt{\frac{100+400}{2}}\text{A}=\sqrt{250}\text{A}=15.811\text{A}$$

(3) 直流 $I_0=15\text{A}$,基频 $I_1=\frac{15}{\sqrt{2}}\text{A}$。

所以 $$I=\sqrt{I_0^2+I_1^2}=15\sqrt{1+\frac{1}{2}}\text{A}=18.371\text{A}$$

10－5 施加于单口网络的电压 $a_{ab}(t)=[100+100\cos(\omega t)+30\cos(3\omega t)]\text{V}$;流入 a 端的电流 $i(t)=[50\cos(\omega t-45^\circ)+10\sin(3\omega t-60^\circ)+20\cos(5\omega t)]\text{A}$。求(1)$u_{ab}$ 的有效值;(2)i_{ab} 的有效值;(3) 平均功率 P。

解题过程 (1)u_{ab} 有效值为 $$U_{ab}=\sqrt{100^2+\frac{100^2}{2}+\frac{30^2}{2}}\text{V}=124.298\text{V}$$

(2)i_{ab} 有效值为 $$I_{ab}=\sqrt{\frac{50^2+10^2+20^2}{2}}=38.73\text{A}$$

(3) 计算平均功率,分别计算再求和:

直流 $$P_0=0\text{W}$$

基频 $$P_1=\frac{100\times 50}{2}\times\cos 45^\circ=1767.77\text{W}$$

三次谐波 $$P_3=\frac{30\times 10}{2}\times\cos(-60-90^\circ)=-129.9\text{W}$$

五次谐波 $$P_5=0\text{W}$$

所以 $$P=P_0+P_1+P_3+P_5=1637.86\text{W}$$

第六节

思考题

10－5 图 10－6 所示四个电路，(1) 当 $\omega=\omega_1=\frac{1}{\sqrt{LC_1}}$ 时，哪些电路相当于短路，哪些相当于开路？

(2) 有人认为在另一频率 ω_2 时，图 10－6(c)、(d) 所示两电路相当于开路。是否可能？如有可能，ω_2 是大于还是小于 ω_1？

解题过程 (1)(a) 短路；(b) 断路；(c) 短路；(d) 短路。

(2) 对于(c)

$$Z=\mathrm{j}(\omega L-\frac{1}{\omega C})\ /\!/\ \mathrm{j}\omega L_2=\frac{-\omega L_2(\omega L-\frac{1}{\omega C})}{\mathrm{j}[\omega(L_2+L)-\frac{1}{\omega C}]}$$

$\omega_2=\frac{1}{(L_2+L)\cdot C_1}$ 时，$Z=\infty$，相当于断路，显然 $\omega_2<\omega_1$。

对于(d)

$$Z=\mathrm{j}(\omega L-\frac{1}{\omega C_1})\ /\!/\ \frac{1}{\mathrm{j}\omega C_2}=\frac{\frac{\omega L-\frac{1}{\omega C_1}}{\omega C_2}}{\mathrm{j}\left(\omega L-\frac{1}{\omega C_1}-\frac{1}{\omega C_2}\right)}$$

当 $\omega L=\frac{1}{\omega}\frac{C_1+C_2}{C_1C_2}$ 时，即 $\omega_2=\sqrt{\frac{C_1+C_2}{L\cdot C_1C_2}}$，$Z=\infty$，相当于断路，$\omega_2=\omega_1\cdot\sqrt{1+\frac{C_1}{C_2}}>\omega_1$。

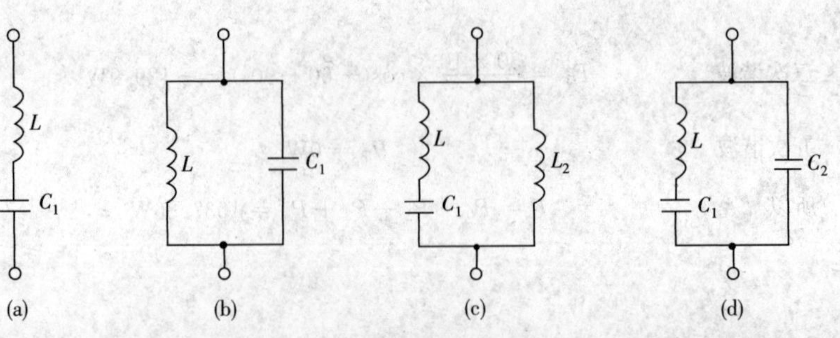

图 10－6

10－6 若RLC串联电路的输出电压取自电容，则该电路具有带通、高通、低通三种性质中的哪一种？

解题过程 $H=\dfrac{\dot{U}_2}{\dot{U}_1}=\dfrac{-\mathrm{j}\dfrac{1}{\omega C}}{R+\mathrm{j}\omega L+\dfrac{\mathrm{j}1}{\omega C}}=\dfrac{1}{\mathrm{j}R\omega C-\omega^2LC+1}=\dfrac{1}{1-\omega^2LC+\mathrm{j}\omega RC}$

$$|H|^2=\frac{1}{(1+\omega^2LC)^2+\omega^2R^2C^2}=\frac{1}{\omega^4L^2C^2+(R^2-2L^2)C^2\omega^2+1}$$

从而可知，$\omega\to 0$ 时，$|H|$ 为 1；$\omega\to\infty$ 时，$|H|\to 0$。

而在 $\omega\approx\dfrac{1}{\sqrt{LC}}$ 附近会出现谐振特性，放大倍数由 R 决定。若 $\xi=\dfrac{R}{2}\sqrt{\dfrac{C}{L}}<0.707$，则会有谐振峰存在，既有低通性又有带通性。若 $\xi>0.707$，则没有谐振峰，只有低通性。

练习题

10－6 RLC 串联电路中 $R=10\Omega$，$L=0.2\text{mH}$，$C=5\text{nF}$，计算：(1)ω_0；(2)Q；(3)BW；(4)电流为其谐振时电流的 80% 时的频率值。

解题过程 (1)$\omega_0=\dfrac{1}{\sqrt{LC}}=\dfrac{1}{\sqrt{0.2\times10^{-3}\times5\times10^{-9}}}=10^6\,\text{rad/s}$

(2)$Q=\dfrac{\omega_0L}{R}=\dfrac{10^6\times0.2\times10^{-3}}{10}=20$

(2)$BW=\dfrac{\omega_0}{Q}=\dfrac{R}{L}=5\times10^4\,\text{rad/s}$

(2)$H(\mathrm{j}\omega)=\dfrac{1}{R+\mathrm{j}(\omega L+\dfrac{1}{\omega C})}$，$H(\mathrm{j}\omega_0)=\dfrac{1}{R}=0.1$

所以 $$|H(\mathrm{j}\omega)|=\frac{1}{R^2+\left(\omega L-\dfrac{1}{\omega C}\right)^2}=\frac{1}{R}\times0.8$$

$$R^2+(\omega L-\frac{1}{\omega C})^2=1.5625\times R^2$$

$$(\omega L-\frac{1}{\omega C})^2=0.5625R^2=56.25$$

$$\omega L-\frac{1}{\omega C}=\pm7.5$$

$$\omega^2 LC \pm 7.5 \cdot C\omega - 1 = 0$$

$$\omega^2 \pm 37500\omega - 10^{12} = 0$$

由于 $\omega > 0$

所以 $$\omega_1 = 37500 - \frac{\sqrt{37500^2 + 4 \times 10^{12}}}{2} = 0.9814 \times 10^6 \text{ rad/s}$$

$$\omega_2 = 37500 + \frac{\sqrt{37500^2 + 4 \times 10^{12}}}{2} = 1.0189 \times 10^6 \text{ rad/s}$$

10－7 *RLC* 并联电路的谐振频率为 10^7 rad/s，通频带为 10^5 rad/s，若 R 为 100kΩ，计算：(1)Q；(2)L；(3)C；(4) 上、下半功率点频率。

解题过程 (1)$Q = \frac{\omega_0}{BW} = 100$

(2)$\omega_0 = \frac{1}{\sqrt{LC}}, L = \frac{1}{C\omega_0^2} = \frac{1}{10^{-10} \times 10^{14}} = 100 \times 10^{-6}\text{ H} = 100\mu\text{H}$

(3) 对于关联电路 $BW = \frac{1}{RC}, C = \frac{1}{R \cdot BW} = \frac{1}{10^{10}} = 100\text{pF}$

(4)$\begin{cases} \omega_2 - \omega_1 = BW = 10^5 \\ \omega_1 \cdot \omega_2 = \omega_0^2 = 10^{14} \end{cases}$

所以 $$\omega_1 + \omega_2 = \sqrt{(\omega_1 - \omega_2)^2 + 4\omega_1\omega_2} = \sqrt{BW^2 + 4\omega_0^2} \approx 2 \times 10^7 \text{ rad/s}$$

$$\omega_1 = \frac{2 \times 10^7 - BW}{2} = 9.95 \times 10^6 \text{ rad/s}$$

$$\omega_2 = \frac{2 \times 10^7 + BW}{2} = 10.05 \times 10^6 \text{ rad/s}$$

课后习题全解

10－1 **解题过程** 题目中方波的傅里叶级数

$$f(t) = \frac{4A}{\pi}\left[\sin(\omega t) + \frac{1}{3}\sin(3\omega t) + \frac{1}{5}\sin(5\omega t) + \cdots\right]\text{V}$$

三次谐波为

$$\frac{4A}{\pi}\sin(3\omega t)\text{V} = \frac{4\times 10}{3\pi}\sin(3\omega t)\text{V} = 4.24\sin(3\omega t)\text{V}$$

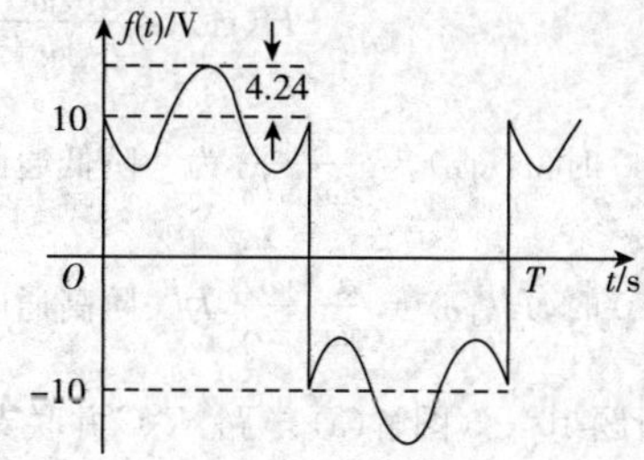

题 10－1 图解

所求波形如题 10－1 图解所示，峰谷值

$$U_{\text{P-P}} = (20 + 4.24\times 2)\text{V} = 28.48\text{V}$$

10－2 解题过程 题目中方波是一个振幅为 0.5V 的方波和 1.5V 直流电压的和

所以

$$f(t) = \left\{1.5 + \frac{2}{\pi}\left[\sin\left(\frac{2\pi}{T}t\right) + \frac{1}{3}\sin\left(\frac{6\pi}{T}t\right) + \frac{1}{5}\sin\left(\frac{10\pi}{T}t\right) + \cdots\right]\right\}\text{V}$$

10－3 解题过程 (1) 在相量表达条件下，$\dot{I} = \sqrt{2}\angle 0^\circ$ A，$\omega = 2\text{rad/s}$

$$Z(\text{j}2) = \text{j}2\frac{[4-4]}{1-4} = 0\Omega$$

从而 $$\dot{U} = \dot{I}\cdot Z = 0\text{V}$$

所以时域中 $$u(t) = 0\text{V}$$

(2)u_S 的相量表达为 $\dot{U}_S = \sqrt{2}\angle 0^\circ$ V，$\omega = 2\text{rad/s}$

$$Z(\text{j}2) = 0\Omega$$

所以 $$\dot{I} = \frac{\dot{U}_S}{Z_1 + Z} = \frac{\dot{U}_S}{1} = \sqrt{2}\angle 0^\circ \text{ A}$$

所以 $$i(t) = 2\cos(2t)\text{A}$$

10－4 解题过程 (1)$Z = R + \text{j}\omega L$，若使 $Z(\text{j}\omega)$ 为实数，则 $\omega L = 0$，而 $\omega \neq 0$，则只有 $L = 0$。

(2)$Z(\text{j}\omega) = (R + \text{j}\omega L) \mathbin{/\!/} \dfrac{1}{\text{j}\omega C} = \dfrac{R + \text{j}\omega L}{1 + \text{j}\omega C(R + \text{j}\omega L)} = \dfrac{R + \text{j}\omega L}{1 - \omega^2 LC + \text{j}\omega CR}$

(3)$Z(\text{j}\omega) = \dfrac{L}{RC}$，则 $R^2C + \text{j}\omega RLC = L - \omega^2L^2C + \text{j}\omega CRL$

所以 $$R^2C = L - \omega^2L^2C$$

$$\omega^2 = \frac{L - R^2C}{L^2C}, \omega = \sqrt{\frac{L - R^2C}{L^2C}}$$

10－5 解题过程 (1) 一阶网络函数的一般形式为

$$H(\mathrm{j}\omega)=\frac{a_1(\mathrm{j}\omega)+a_0}{\mathrm{j}\omega+b_0}$$

当 $a_1=0$ 时，$H(\mathrm{j}\omega)=\dfrac{a_0}{\mathrm{j}\omega+b_0}$ 为一阶低通函数。

当 $a_0=0$ 时，$H(\mathrm{j}\omega)=\dfrac{a_1(\mathrm{j}\omega)}{\mathrm{j}\omega+b_0}$ 为一阶高通函数。

(2) 分析题 10－5 图解(a) 电路，R_2C 并联支路的阻抗 Z 为

$$Z=\frac{-\mathrm{j}\dfrac{R_2}{\omega C}}{R_2-\mathrm{j}\dfrac{1}{\omega C}}=\frac{R_2}{1+\mathrm{j}\omega R_2C}$$

由分压关系可得

$$\dot{U}_2=\frac{\dfrac{R_2}{1+\mathrm{j}\omega R_2C}\dot{U}_1}{R_1+\dfrac{R_2}{1+\mathrm{j}\omega R_2C}}=\frac{R_2}{R_1+R_2+\mathrm{j}\omega R_1R_2C}\dot{U}_1=\frac{\dfrac{R_2}{R_1+R_2}}{1+\mathrm{j}\omega\dfrac{R_1R_2}{R_1+R_2}C}\dot{U}_1$$

令
$$K=\frac{R_2}{R_1+R_2},\omega_c=\frac{R_1+R_2}{R_1R_2C}$$

则$\dfrac{\dot{U}_2}{\dot{U}_1}=\dfrac{K}{1+\dfrac{\mathrm{j}\omega}{\omega_c}}=\dfrac{1}{\sqrt{1+\left(\dfrac{\omega}{\omega_c}\right)^2}}\angle-\arctan\left(\dfrac{\omega}{\omega_c}\right)$ 为一阶低通函数。

画出频率特性如题 10－5 图解(a) 所示。

(3) 分析题 10－5 图解(b) 电路：R_2L 并联支路的阻抗 Z 为

$$Z=\frac{\mathrm{j}\omega R_2L}{R_2+\mathrm{j}\omega L}=\frac{\mathrm{j}\omega L}{1+\mathrm{j}\omega\dfrac{L}{R_2}}$$

$$\dot{U}_2=\frac{\dfrac{\mathrm{j}\omega L}{1+\mathrm{j}\omega\dfrac{L}{R_2}}}{R_1+\dfrac{\mathrm{j}\omega L}{1+\mathrm{j}\omega\dfrac{L}{R_2}}}\dot{U}_1$$

$$\frac{\dot{U}_2}{\dot{U}_1}=\frac{\mathrm{j}\omega L}{R_1+\mathrm{j}\omega L\dfrac{R_1}{R_2}+\mathrm{j}\omega L}=\frac{R_2}{R_1+R_2}\,\frac{\mathrm{j}\omega L}{\dfrac{R_1R_2}{R_1+R_2}+\mathrm{j}\omega L}$$

令
$$K=\frac{R_2}{R_1+R_2}\quad\omega_c=\frac{R_1R_2}{(R_1+R_2)L}$$

则$\dfrac{\dot{U}_2}{\dot{U}_1}=\dfrac{K}{1-\dfrac{\omega_c}{j\omega}}=\dfrac{1}{\sqrt{1+\left(\dfrac{\omega_c}{\omega}\right)^2}}\angle-\arctan\left(-\dfrac{\omega_c}{\omega}\right)$ 为一阶高通函数。

画出频率特性如题 10－5 图解(b) 所示。

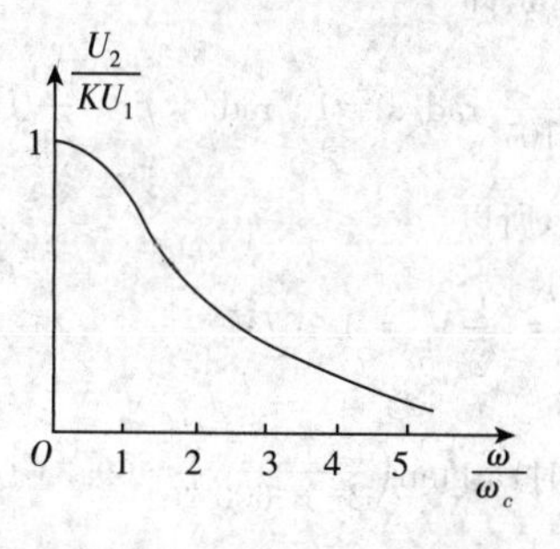

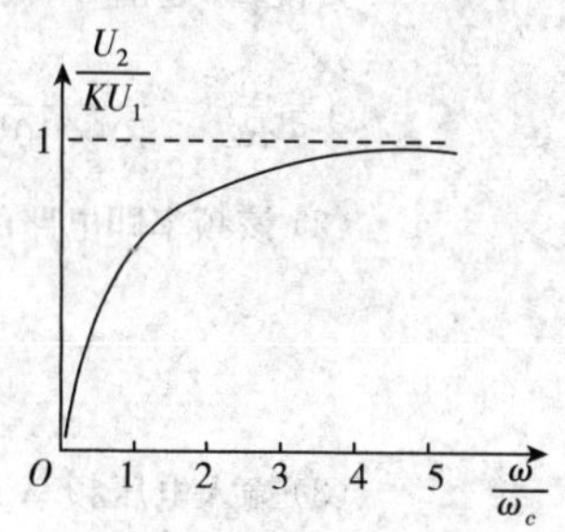

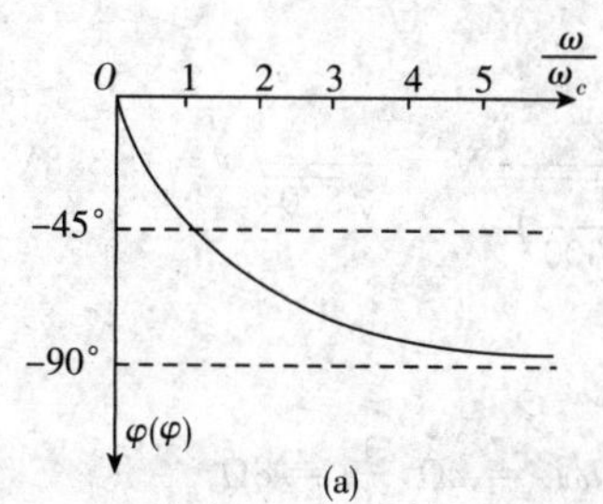

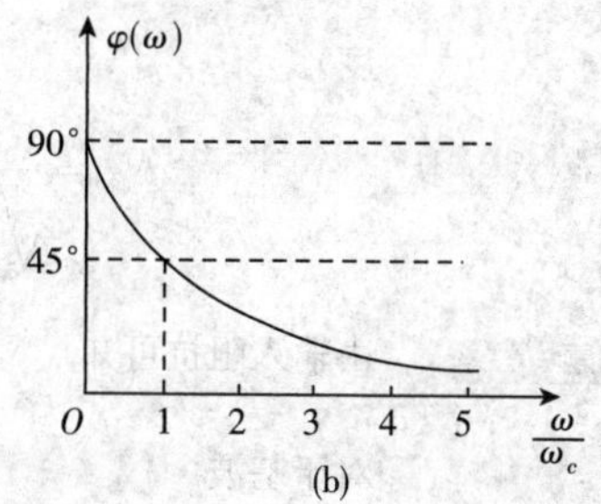

题 10－5 图解

10－6 解题过程 画出电路的相量模型如题 10－6 图解所示。

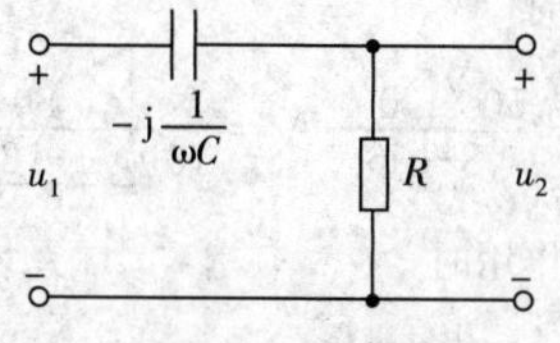

题 10－6 图解

$$\frac{\dot{U}_2}{\dot{U}_1}=\frac{R}{R-j\dfrac{1}{\omega C}}=\frac{1}{1-j\dfrac{\omega_c}{\omega}}\text{（一阶高通）}$$

其中$\omega_c=\dfrac{1}{RC}=\dfrac{1}{1.5\times10^3\times10\times10^{-6}}\text{rad/s}=\dfrac{200}{3}\text{rad/s}$，通带为$\dfrac{200}{3}\text{rad/s}\sim\infty$。

当C增大，ω_c降低，通带变宽。

10－7 解题过程 由上题(10－6) 可知

$$H(j\omega)=\frac{\dot{U}_2}{\dot{U}_1}=\frac{1}{\sqrt{1+\left(\frac{\omega_c}{\omega}\right)^2}}\angle -\arctan\left(-\frac{\omega_c}{\omega}\right)$$

要使 $\dot{U}_2$ 超前 $\dot{U}45°$，应有 $\omega_c=\omega$，即

$$\omega=\frac{1}{RC}=\frac{1}{10\times10^3\times0.01\times10^{-6}}\text{rad/s}=10^4\,\text{rad/s},f=\frac{10^4}{2\pi}\text{Hz}=1591.6\text{Hz}$$

(2) 该频率即电路的截止频率，所以

$$U_2=\frac{1}{\sqrt{2}}\text{V}=0.707\text{V}。$$

(3) 输入电压频率 $f=600$Hz时，$\arctan\left(\frac{10^4}{2\pi\times600}\right)=69.34°$（$u_2$ 超前 u_1 的角度）。

$$U_2=\frac{1}{\sqrt{1+\left(\frac{10^4}{2\pi\times600}\right)^2}}\text{V}=\frac{1}{\sqrt{8.04}}\text{V}=0.353\text{V}$$

10－8 解题过程 由输入阻抗可知

对于基波 $R=8\Omega,\omega L=2\Omega,\frac{1}{\omega C}=8\Omega$

对于三次谐波 $R=8\Omega,3\omega L=6\Omega,\frac{1}{3\omega C}=\frac{8}{3}\Omega$

当基波作用时

$$\dot{I}_{1m}=\frac{50\angle 0°}{8-j6}\text{A}=\frac{50}{10\angle -36.9°}\text{A}=5\angle 36.9°\ \text{A}$$

当三次谐波作用时

$$\dot{I}_{2m}=\frac{25\angle 60°}{8+j\frac{10}{3}}\text{A}=\frac{25\angle 60°}{8.67\angle 22.64°}\text{A}=2.88\angle 37.4°\ \text{A}$$

$$i(t)=[5\cos(\omega t+36.9°)+2.88\cos(3\omega t+37.4°)]\text{A}$$

10－9 解题过程 作出相量模型如题 10－9 图解所示。

(1) 当 $i_S(t)$ 单独作用时（$u_S(t)$ 短路）

$$\dot{I}'_m=\left[\frac{100}{100+j(100-50)}\times10\angle 90°\right]\text{mA}=\frac{1000\angle 90°}{111.8\angle 26.56°}\text{mA}$$

$$=8.945\angle -116.56°\ \text{mA}$$

(2) 当 $u_S(t)$ 单独作用时（$i_S(t)$ 断路）

$$\dot{I}''_{m}=\frac{5\angle 0^{\circ}}{100+j100-j50}\text{A}=\frac{5\angle 0^{\circ}}{111.8\angle 26.56^{\circ}}\text{A}=0.0447\angle -26.56^{\circ}\ \text{A}$$

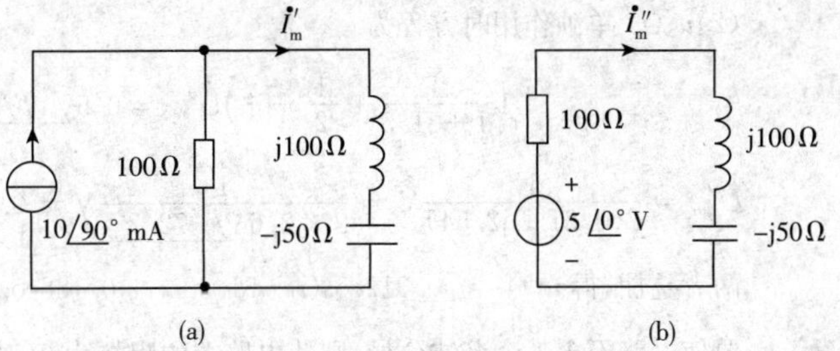

题 10－9 图解

(3) 两者叠加,结果为

$$i(t)=[8.945\cos(100t-116.56^{\circ})+44.7\cos(100t-26.56^{\circ})]=\text{mA}$$
$$=45.6\cos(100t-37.6^{\circ})\text{mA}$$

10－10 解题过程 两电源单独作用时,相量模型如题 10－10 图解(a)、(b) 所示。

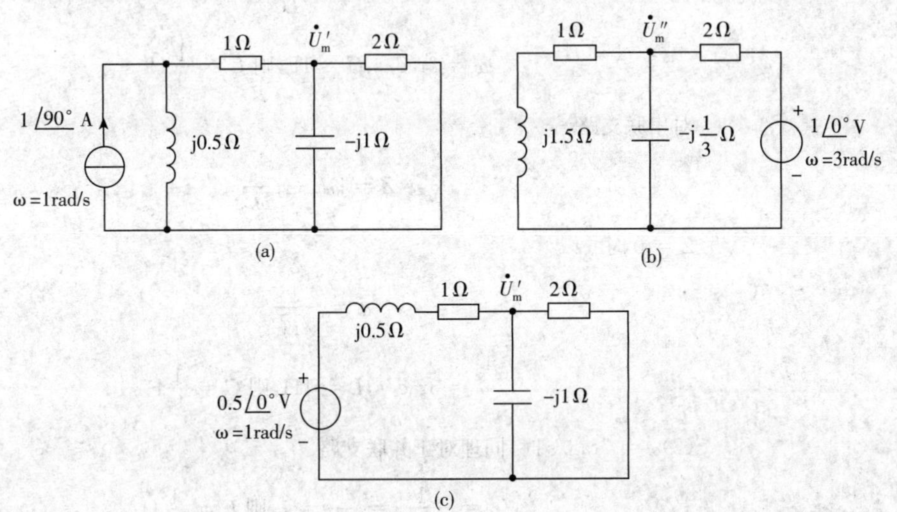

题 10－10 图解

(1)$i_S(t)$ 单独作用时将题 10－10 图解(a) 转化为题 10－10 图解(c) 运用节点电位法求解。

节点电压方程为

$$\left(\frac{1}{1+j0.5}+\frac{1}{2}+j1\right)\dot{U}'_{m}=\frac{0.5}{1+j0.5}$$

$$(0.8-j0.4+0.5+j)\dot{U}'_{m}=0.4-j0.2$$

$$\dot{U}'_{m}=\frac{0.4-j0.2}{1.3+j0.6}V=\frac{0.447\angle -26.56^{\circ}}{1.43\angle 24.77^{\circ}}V=0.312\angle -51.33^{\circ}\ V$$

(2)$u_S(t)$ 单独作用时方程为

$$\left(\frac{1}{1+j1.5}+\frac{1}{2}+j3\right)\dot{U}''_{m}=0.5\angle 0^{\circ}$$

$$\dot{U}''_{m}=\frac{1}{2(0.81+j2.54)}V=\frac{1}{2\times 2.66\angle 72.3^{\circ}}V=0.188\angle -72.3^{\circ}\ V$$

两者叠加,得 $u(t)=[0.312\cos(t-51.33^{\circ})+0.188\cos(3t-72.3^{\circ})]V$

10－11 解题过程 要使电路不含某个谐波分量,则使电路总的阻抗为0(对于串联)或导纳为0(对于并联)。

(1) 当 $\omega=3rad/s$ 时,对并联支路

$$Y=j\omega C-j\frac{1}{\omega L}$$

$Y=0$ 时

$$\omega=\frac{1}{\sqrt{LC}}$$

$$\omega=3rad/s, C=1F,则\ L=\frac{1}{9}H$$

对串联支路

$$Z=j\omega L-j\frac{1}{\omega C}$$

$Z=0$ 时

$$\omega=\frac{1}{\sqrt{LC}}$$

$$\omega=3rad/s, L=1H,则\ C=\frac{1}{9}F$$

(2)$\omega=7rad/s$ 时,同理对于并联支路

$$\omega=\frac{1}{\sqrt{LC}}=\frac{1}{\sqrt{L}}=7,则\ L=\frac{1}{49}H$$

对串联支路

$$\omega=\frac{1}{\sqrt{LC}}=\frac{1}{\sqrt{C}}=7,则\ C=\frac{1}{49}F$$

因此取 $L=\frac{1}{9}H$、$C=\frac{1}{49}F$ 或 $L=\frac{1}{49}H$、$C=\frac{1}{9}F$ 时,$u(t)$ 中不含 $\omega=3rad/s$ 和 7rad/s 的分量。

10－12 解题过程 (1)$P=P_1+P_2+P_3=U_1I_1\cos\varphi_1+U_2I_2\cos\varphi_2+U_3I_3\cos\varphi_3$

$$=\frac{1}{\sqrt{2}}\times\frac{5}{\sqrt{2}}\cos 90^\circ+\frac{1}{\sqrt{2}}\times\frac{2}{\sqrt{2}}\cos(-90^\circ)+0=0$$

$$(2)U=\sqrt{U_1^2+U_2^2+U_3^2}=\sqrt{\left(\frac{1}{\sqrt{2}}\right)^2+\left(\frac{1}{\sqrt{2}}\right)^2+\left(\frac{1}{\sqrt{2}}\right)^2}\text{ V}=1.22\text{V}$$

$$(3)I=\sqrt{I_1^2+I_2^2}=\sqrt{\left(\frac{5}{\sqrt{2}}\right)^2+\left(\frac{2}{\sqrt{2}}\right)^2}\text{ A}=3.81\text{A}$$

10－13 解题过程 $U-\sqrt{100^7+\left(\frac{22.4}{\sqrt{2}}\right)^2+\left(\frac{4.11}{\sqrt{2}}\right)^2}\text{ V}$

$=101.3\text{V}$

$$P=P_1+P_2+P_3=\left(\frac{10000}{15}+\frac{22.4^2}{2\times 15}+\frac{4.11^2}{2\times 15}\right)\text{W}$$

$$=(666.67+16.7+0.56)\text{W}=683.93\text{W}$$

10－14 解题过程 教材图 10－1(a) 方波

$$F=\sqrt{\frac{1}{T}\int_0^T f^2(t)\mathrm{d}t}=\sqrt{\frac{2}{T}\int_0^{\frac{T}{4}} f^2(t)\mathrm{d}t}$$

$$f(t)=\frac{4A}{T}t,0<t<\frac{t}{4}$$

$$\int_0^{\frac{T}{4}} f^2(t)\mathrm{d}t=16\int_0^{\frac{T}{4}}\frac{A^2}{T^2}t^2\mathrm{d}t=\frac{A^2T}{12}$$

$$F=\sqrt{\frac{4}{T}\times\frac{A^2T}{12}}=\frac{A}{\sqrt{3}}$$

教材图 10－1(c) 锯齿波

$$F=\frac{1}{T}\int_0^T f^2(t)\mathrm{d}t$$

$$f(t)=A-\frac{A}{T}t=A(\left(1-\frac{t}{T}\right),0<t<T$$

$$\frac{1}{T}\int_0^T f^2(t)\mathrm{d}t=\frac{A^2}{T}\int_0^T\left(1-\frac{2t}{T}+\frac{t^2}{T^2}\right)\mathrm{d}t=\frac{A^2}{T}\cdot\frac{t^3}{3T^3}\Big|_0^T=\frac{A^2}{3}$$

则 $$F=\frac{A}{\sqrt{3}}$$

教材图 10－1(d) 正弦整流波。

其有效值与正弦波相等，所以 $F=\frac{A}{\sqrt{2}}$。

10－15 解题过程 $(1)Z=(3+\mathrm{j}2)\Omega=3.605\angle 33.69^\circ\ \Omega$

$$\dot{I}_m = \frac{1\angle 0° + 1\angle 0°}{3.605\angle 33.69°}A = 0.5548\angle -33.69° \ A$$

$$i(t) = 0.5548\cos(t - 33.69°)A$$

(2)$I = \frac{0.5548}{\sqrt{2}}A = 0.3924A$

(3)$P = I^2R = 0.3924^2 \times 3W = 0.4618W$

(4)$\dot{I}_{1m} = \frac{1\angle 0°}{3.605\angle 33.69°}A = 0.2774\angle -33.69° \ A$

$$P_1 = \frac{0.2774^2}{2} \times 3W = 0.1154W$$

(5) 同(4)，$P_2 = 0.1154W$

(6)$P \neq P_1 + P_2$，证明同频率正弦波的平均功率不符合叠加原理。

10－16 解题过程 (1) 当 $\omega = 1rad/s$ 时

$$\dot{I}_{1m} = \frac{1\angle 0°}{3.605\angle 33.69°}A = 0.2774\angle -33.69° \ A$$

$$i_1(t) = 0.2774\cos(t - 33.69°)A$$

当 $\omega = 2rad/s$ 时

$$\dot{I}_{2m} = \frac{1\angle 0°}{3 + j2 \times 2}A = \frac{1\angle 0°}{3 + j4}A = \frac{1\angle 0°}{5\angle 53.1°}A = 0.2\angle -53.1° \ A$$

$$i_2(t) = 0.2\cos(2t - 53.13°)A$$

所以 $i(t) = i_1(t) + i_2(t)$

$$= [0.2774\cos(t - 33.69°) + 0.2\cos(2t - 53.13°)]A$$

(2)$I = \sqrt{\left(\frac{0.2774}{\sqrt{2}}\right)^2 + \left(\frac{0.2}{\sqrt{2}}\right)^2}A = \sqrt{0.03848 + 0.02}A = 0.2418A$

(3)$P = I^2R = (0.2418^2 \times 3)W = 0.1754W$

(4)$P_1 = I_1^2R = (0.03848 \times 3)W = 0.1154W$

(5)$P_2 = I_2^2R = (0.02 \times 3)W = 0.06W$

(6)$P = P_1 + P_2$，说明非同频率正弦波的总平均功率等于各次谐波平均功率之和，平均功率符合叠加原理。

10－17 解题过程 (1) 当 10V 直流电压源单独作用时

$$I = \frac{100}{1+1} = 50mA$$

电阻功率 $\overline{P}_{R_1} = \overline{P}_{R_2} = I^2 \cdot 1000 = 2500mW$

电源吸收功率为$\overline{P}_{S_1}=-100\times 50\text{mW}=-5000\text{mW}=-5\text{W}$

(2) 当电流源单独作用时

$$\dot{I}_S=\frac{100}{\sqrt{2}}\angle 0^\circ\ \text{mA}$$

$$\omega=10^3\,\text{rad/s}$$

$$Z=1\ /\!/\ 1\ /\!/\ \frac{1}{\text{j}\omega C}=\frac{1}{2+\text{j}}\text{k}\Omega$$

$$\dot{I}_{R_1}=\dot{I}_{R_2}=\frac{\dot{I}_S\cdot Z}{1}=36.6228\angle -26.525^\circ\ \text{mA}$$

$$\dot{I}_C=\frac{\dot{I}_S\cdot Z}{\frac{1}{\text{j}}}=31.6228\angle 63.435^\circ\ \text{mA}$$

电阻功率 $\widetilde{P}_{R_1}=\widetilde{P}_{R_2}=I_{R_1}^2\cdot R_1=31.6228^2\times 1=100\text{mW}=1\text{W}$

电源吸收功率 $\widetilde{P}_S=-\widetilde{P}_{R_1}-\widetilde{P}_{R_2}=-2000\text{mW}=-2\text{W}$

(3) 由于正交性电源吸收功率就是各自单独作用时吸收的功率。从而可得

电阻总耗功率为

$$P_{R_2}=P_{R_1}=\overline{P}_{R_1}+\widetilde{P}_{R_1}=2.5\text{W}+1\text{W}=3.5\text{W}$$

10－18 解题过程 (1) 在谐振时 $Z=R=100\Omega$

$$(2)Q=\frac{f_0}{BW}=\frac{\frac{1000}{2\pi}}{\frac{100}{2\pi}}=10$$

$$L=\frac{QR}{\omega_0}=\frac{10\times 100}{1000}\text{F}=1\text{H}$$

$$C=\frac{1}{\omega_0 RQ}=\frac{1}{1000\times 10\times 100}\text{F}=1\mu\text{F}$$

10－19 解题过程 (1) 对于 RLC 串联电路 $\omega_0=\frac{1}{\sqrt{LC}}$

$$C=\frac{1}{L\cdot\omega_0^2}=\frac{1}{0.32\times(876\times 2\times\pi)^2}=0.1032\mu\text{F}$$

$$BW=\frac{R}{L}=(1000-750)\cdot 2\pi=250\times 2\pi=1570.8\text{rad/s}$$

$$R=0.32\times 1570.8=502.65\Omega$$

$$Q=\frac{\omega_0}{BW}=\frac{2\pi\times 876}{1570.8}=\frac{876}{250}=3.504$$

(2) 电路总阻抗 $Z=R+\mathrm{j}(\omega L-\dfrac{1}{\omega C})$

当 $\omega=\omega_0$ 时 $\qquad Z_{\omega_0}=R=502.65\Omega$

$$P_0=\frac{U_1^2}{R}=\frac{23.2^2}{502.65}=1.071\mathrm{W}$$

在 $\omega_1=2\pi\times750\mathrm{rad/s}$ 时,$Z_1=502.65+\mathrm{j}\left(\omega_1 L-\dfrac{1}{\omega_1 C}\right)=502.65+\mathrm{j}(-548.3)$

所以 $\qquad P_1=\left(\dfrac{U_1}{|Z_1|}\right)^2\cdot R=0.489\mathrm{W}$

在 $\omega_2=2\pi\times1000\mathrm{rad/s}$ 时,

$$Z_2=502.65+\mathrm{j}\left(\omega_2 L-\frac{1}{\omega_2 C}\right)=502.65+\mathrm{j}468.42$$

所以 $\qquad P_2=\left(\dfrac{U_1}{|Z_2|}\right)^2\cdot R=0.5731\mathrm{W}$

(3) 在谐振时 $\quad U_L=u_C=QU_1=(3.5\times23.2)\mathrm{V}=81.2\mathrm{V}$

10－20 解题过程 由于谐振时阻抗为 $10^5\Omega$,所以

$$Z=R=10^5\Omega$$

$$Q=\frac{f_0}{BW}=\frac{\frac{1000}{2\pi}}{\frac{100}{2\pi}}=10$$

$$C=\frac{Q}{\omega_0 R}=\frac{10}{1000\times10^5}\mathrm{F}=10^{-7}\mathrm{F}$$

$$L=\frac{R}{\omega_0 Q}=\frac{10^5}{1000\times10}\mathrm{H}=10\mathrm{H}$$

10－21 解题过程 (1) 直流分量作用时电感相当于短路,即

$$U'_{2\mathrm{m}}=\frac{2}{\pi}U_\mathrm{m}$$

点原有分量的百分比为 $\dfrac{\frac{2}{\pi}U_\mathrm{m}}{\frac{2}{\pi}U_\mathrm{m}}\times100\%=100\%$

(2) 基波分量作用时

$$\left(\frac{1}{\mathrm{j}6280}+\frac{1}{3000}+\mathrm{j}\,\frac{1}{159.2}\right)\dot{U}''_{2\mathrm{m}}=\frac{\left(\frac{2U_\mathrm{m}}{\pi}\right)2\angle0^\circ}{\mathrm{j}6280\times3}$$

$$(-\mathrm{j}1.59\times10^{-4}+3.33\times10^{-4}\times\mathrm{j}6.28\times10^{-3})\dot{U}''_{2\mathrm{m}}=\left(\frac{2U_\mathrm{m}}{\pi}\right)\times1.06\times10^{-4}\angle-90^\circ$$

$$(3.33+\mathrm{j}61.23)\dot{U}''_{2\mathrm{m}}=\left(\frac{2U_\mathrm{m}}{\pi}\right)\times 1.06\underline{/-90^\circ}$$

$$\dot{U}''_{2\mathrm{m}}=\frac{2U_\mathrm{m}}{\pi}\frac{1.06\underline{/-90^\circ}}{61.32\underline{/86.9^\circ}}\mathrm{V}=\frac{2U_\mathrm{m}}{\pi}\times 0.0173\underline{/-176.9^\circ}\ \mathrm{V}$$

占原有分量的百分比为 $\dfrac{0.0173}{\dfrac{2}{3}}\times 100\%=2.6\%$

(3) 二次谐波分量作用时

$$\left(\frac{1}{\mathrm{j}12560}+\frac{1}{3000}+\mathrm{j}\,\frac{1}{79.6}\right)\dot{U}'''_{2\mathrm{m}}=\frac{2U_\mathrm{m}}{\pi}\times\frac{2}{15}\times\frac{1}{\mathrm{j}12560}$$

$$(3.33+\mathrm{j}126.4)\dot{U}'''_{2\mathrm{m}}=\frac{2U_\mathrm{m}}{\pi}\times 0.106\underline{/-90^\circ}$$

$$\dot{U}'''_{2\mathrm{m}}=\frac{2U_\mathrm{m}}{\pi}\frac{0.106\underline{/-90^\circ}}{126.4\underline{/88.47^\circ}}\mathrm{V}=\frac{2U_\mathrm{m}}{\pi}\times 8.38\times 10^{-4}\underline{/-178.47^\circ}\ \mathrm{V}$$

占原有分量的百分比为 $\dfrac{8.38\times 10^{-4}}{\dfrac{2}{15}}\times 100\%=0.637\%$

(4) 输出 $u_2(t)$ 为

$$u_2(t)=\frac{2}{\pi}U_\mathrm{m}[1+0.0173\cos(628t-176.9^\circ)-0.000838\cos(1256t-178.47^\circ)]\mathrm{V}$$

10－22 **解题过程** 当 $i(t)=i_1(t)=I_{\mathrm{m}1}\cos(\omega_1 t)$ 时

$$\begin{aligned}u_1(t)&=I_{\mathrm{m}1}^3\cos^3(\omega_1 t)\\&=I_{\mathrm{m}1}^3\left[\frac{3}{4}\cos(\omega_1 t)+\frac{1}{4}\cos(3\omega_1 t)\right]\end{aligned}$$

当 $i(t)=i_2(t)=I_{\mathrm{m}2}\cos(\omega_2 t)$ 时

$$\begin{aligned}u_2(t)&=I_{\mathrm{m}2}^3\cos^3(\omega_2 t)\\&=I_{\mathrm{m}2}^3\left[\frac{3}{4}\cos(\omega_2 t)+\frac{1}{4}\cos(3\omega_2 t)\right]\end{aligned}$$

当 $i(t)=I_{\mathrm{m}1}\cos(\omega_1 t)+I_{\mathrm{m}2}\cos(\omega_2 t)$ 时

$$\begin{aligned}u_3(t)\ =&\ I_{\mathrm{m}1}^3\cos^3(\omega_1 t)+I_{\mathrm{m}2}^3\cos^3(\omega_2 t)+3I_{\mathrm{m}1}^2I_{\mathrm{m}2}\cos^2(\omega_1 t)\cos(\omega_2 t)\\&+3I_{\mathrm{m}2}^2I_{\mathrm{m}1}\cos(\omega_1 t)\cos^2(\omega_2 t)\\=&\ u_1(t)+u_2(t)+3I_{\mathrm{m}1}^2I_{\mathrm{m}2}\left\{\frac{1}{2}\cos(\omega_2 t)+\frac{1}{4}\cos[(\omega_2+2\omega_1)t]+\frac{1}{4}\cos[(2\omega_1-\omega_2)t]\right\}\\&+3I_{\mathrm{m}2}^2I_{\mathrm{m}1}\left\{\frac{1}{2}\cos(\omega_1 t)+\frac{1}{4}\cos[(\omega_1+2\omega_2)t]+\frac{1}{4}\cos[(2\omega_2-\omega_2)t]\right\}\end{aligned}$$

(1) 以上运算结果可知 $u_3(t) \neq u_1(t) + u_2(t)$

叠加原理不适用。

(2) 输出电压中的频率成分为

$u_1(t)$ 含 ω_1、$3\omega_1$

$u_2(t)$ 含 ω_2、$3\omega_2$

$u_3(t)$ 含 ω_1、$3\omega_1$、ω_2、$3\omega_2$、$\omega_2 + 2\omega_1$、$2\omega_1 - \omega_2$、$\omega_1 + 2\omega_2$、$2\omega_2 - \omega_1$

注:通过该题应记住并理解叠加方法、相量法的适用条件,同时可利用这一方法产生新的频率。

10－23 解题过程 电路的相量模型如题 10－23 图(b) 所示。

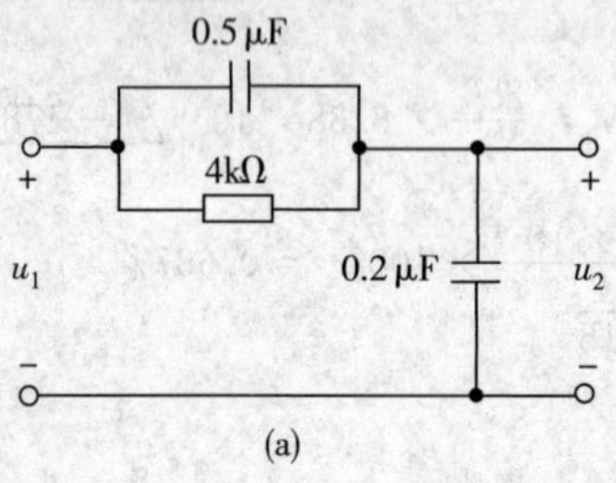

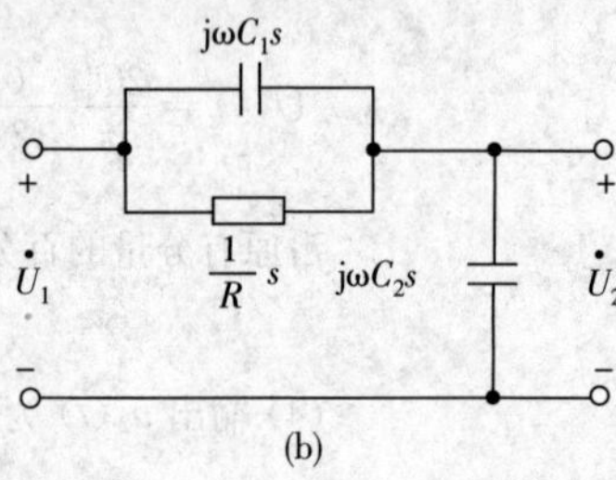

题 10－23 图

$$\dot{U}_2 = \frac{\frac{1}{R} + j\omega C_1}{\frac{1}{R} + j\omega C_1 + j\omega C_2}\dot{U}_1$$

计算 u_1 到 u_2 的相量传递函数。

$$H(j\omega) = \frac{\dot{U}_2}{\dot{U}_1} = \frac{\frac{1}{4} \times 10^{-3} + j\omega 5 \times 10^{-7}}{\frac{1}{4} \times 10^{-3} + j\omega 7 \times 10^{-7}} = \left|\frac{\dot{U}_2}{\dot{U}_1}\right| \angle \varphi$$

$$\varphi = \arctan\left(\frac{5 \times 10^{-7}\omega}{\frac{1}{4} \times 10^{-3}}\right) - \arctan\left(\frac{7 \times 10^{-7}\omega}{\frac{1}{4} \times 10^{-3}}\right)$$

$$= \arctan(2 \times 10^{-3}\omega) - \arctan(2.8 \times 10^{-3}\omega)$$

当 $f = 50\text{Hz}$ 时,$\omega = 2\pi \times 50\text{rad/s} = 314\text{rad/s}$

$$\varphi = \arctan 0.628 - \arctan 0.8792 = 32.1^\circ - 41.3^\circ = -9.2^\circ$$

10－24 解题过程 (1)$Y(\omega) = j\omega C + \dfrac{1}{R + j\omega L}$

$$= j\omega C + \frac{R}{R^2 + (\omega L)^2} - j\frac{\omega L}{R^2 + (\omega L)^2}$$

$$=\frac{R}{R^2+(\omega L)^2}+\mathrm{j}\left[\omega C-\frac{\omega L}{R^2+(\omega L)^2}\right]$$

在谐振时虚部为零，即 $\omega_0 C-\dfrac{\omega_0 L}{R^2+(\omega_0 L)^2}=0$

$$\omega_0=\sqrt{\frac{1}{LC}-\frac{R^2}{L^2}}$$

当 $R=0$ 时 $\omega_0=\dfrac{1}{\sqrt{LC}}$

(2)$Z(\omega_0)=\dfrac{1}{Y(\omega_0)}=\dfrac{R^2+(\omega_0 L)^2}{R}=\dfrac{R^2+\left(\frac{1}{LC}-\frac{R^2}{L^2}\right)L^2}{R}=\dfrac{L}{CR}$

(3) 若两端电压达到最大，在相同的电流下，则 $Y(\omega)$ 的模应达到最小。

$$Y(\omega)=\frac{\mathrm{j}\omega RC-\omega^2 LC+1}{R+\mathrm{j}\omega L}$$

$$=\frac{\sqrt{(1-\omega^2 LC)^2+\omega^2 R^2 C^2}\ \angle \arctan\left(\frac{\omega RC}{1-\omega^2 LC}\right)}{\sqrt{R^2+\omega^2 L^2}\ \angle \arctan\left(\frac{\omega L}{R}\right)}$$

$$|Y|^2=\frac{1-2\omega^2 LC+\omega^4 L^2C^2+\omega^2 R^2 C^2}{R^2+\omega^2 L^2}=\frac{1-2\omega^2 LC+\omega^2 C^2(R^2+\omega^2 L^2)}{R^2+\omega^2 L^2}$$

$$\frac{\mathrm{d}|Y|^2}{\mathrm{d}\omega}=\frac{(R^2+\omega^2 L^2)(-4\omega LC+2\omega C^2 R^2+4\omega^3 C^2 L^2)}{(R^2+\omega^2 L^2)^2}-$$

$$\frac{(1-2\omega^2 LC+\omega^2 C^2 R^2+\omega^4 C^2 L^2)(2\omega L^2)}{(R^2+\omega^2 L^2)^2}$$

令 $\dfrac{\mathrm{d}|Y|^2}{\mathrm{d}\omega}=0$

可得 $-4\omega R^2 LC+2\omega C^2 R^4+4\omega^3 C^2 L^2 R^2+2\omega^5 C^2 L^4-2\omega L^2=0$

由于 $\omega\neq 0$，故

$$C^2 L^4\omega^4+2C^2 L^2 R^2\omega^2+(C^2 R^4-2R^2 LC-L^2)=0$$

解得 $\omega^2=-\dfrac{R^2}{L^2}\pm\sqrt{\dfrac{R^4}{L^4}-\left(\dfrac{R^4}{L^4}-2\dfrac{R^2}{CL^3}-\dfrac{1}{C^2L^2}\right)}$

取＋号后得 $\omega=\sqrt{\dfrac{1}{LC}\sqrt{1+\dfrac{2R^2C}{L}}-\left(\dfrac{R}{L}\right)^2}$

$R\to 0$ 时 $\omega\to\sqrt{\dfrac{1}{LC}}$

第十一章

耦合电感和理想变压器

知识点精析

一、基本概念

1. 耦合电感元件

通过磁场相互约束的若干个电感的总称。

2. 同名端

电工技术中采用了一种约定的标志,可避免如实绘图。约定在产生互感电压的电流参考方向的流入端标上"·"号,在互感电压参考方向的"+"号端也用"·"号标出。同标有"·"号的端钮称为同名端,如图 11－1 所示。当电流 i 与互感电压 u_M 的参考方向对同名端一致时,有 $u_M = M\dfrac{\mathrm{d}i}{\mathrm{d}t}$

否则

$$u_M = -M\frac{\mathrm{d}i}{\mathrm{d}t}$$

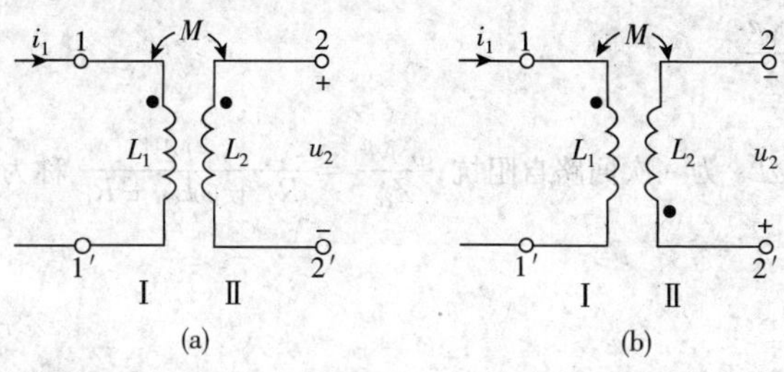

图 11－1　采用同名端标志后耦合电感的电路模型

二、耦合电感的 *VCR* 耦合系数

1. 耦合电感的 VCR

当电压与耦合电流关于同名端为关联参考方向时

$$\begin{cases} u_1 = L_1 \dfrac{\mathrm{d}i_1}{\mathrm{d}t} + M\dfrac{\mathrm{d}i_2}{\mathrm{d}t} \\ u_2 = L_2 \dfrac{\mathrm{d}i_2}{\mathrm{d}t} + M\dfrac{\mathrm{d}i_1}{\mathrm{d}t} \end{cases}$$

其相量模型为

$$\begin{cases} \dot{U}_1 = \mathrm{j}\omega L_1 \dot{I}_1 + \mathrm{j}\omega M \dot{I}_2 \\ \dot{U}_2 = \mathrm{j}\omega M \dot{I}_1 + \mathrm{j}\omega L_2 \dot{I}_2 \end{cases}$$

若关于同名端为非关联参考方向时

$$\begin{cases} u_1 = L_1 \dfrac{\mathrm{d}i_1}{\mathrm{d}t} - M\dfrac{\mathrm{d}i_2}{\mathrm{d}t} \\ u_2 = -M\dfrac{\mathrm{d}i_1}{\mathrm{d}t} + L_2 \dfrac{\mathrm{d}i_2}{\mathrm{d}t} \end{cases}$$

2. 耦合系数表示耦合强弱

$$\boldsymbol{k = \frac{M}{\sqrt{L_1 L_2}}}$$

且 $k \in [0,1]$。

三、空心变压器电路的分析　反映阻抗

(1) 铁心变压器耦合系数可接近 1，属于紧耦合；空心变压器耦合系数则较小，属于松耦合。

(2)$Z_i = Z_{11} + \frac{\omega^2 M^2}{Z_{22}}$。

其中 $Z_{11} = R_1 + j\omega L_1$ 为一次回路自阻抗;$\frac{\omega^2 M^2}{Z_{22}} = \frac{\omega^2 M^2}{R_2 + j\omega L_2 + R_L}$ 称为二次回路在一次回路中的反映阻抗。

四、耦合电感的去耦等效电路

耦合电感的 T 形等效电路如图 11－2(b) 所示。

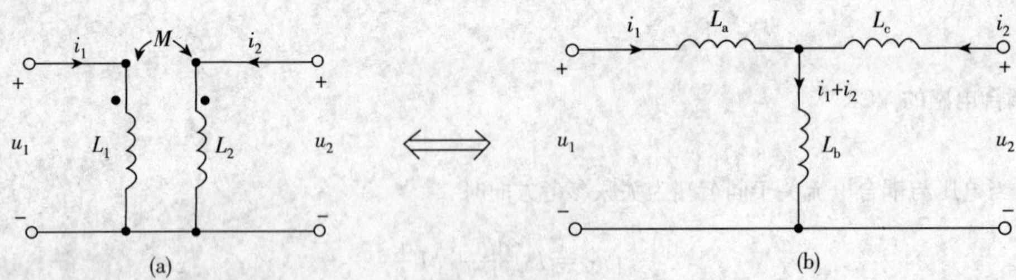

图 11－2　**耦合电感及其 T 形等效电路**

T 形等效电路中各电感值为

$$\begin{cases} L_a = L_1 - M \\ L_b = M \\ L_c = L_2 - M \end{cases}$$

上述的这种等效消除原电路中感应耦合 —— 互感,称为去耦等效。

五、理想变压器的 *VCR*

实现条件:

(1) 耦合电感无漏磁;

(2)L_1,L_2 为无穷大,但$\frac{L_1}{L_2}$ 为有限值。

理想变压器是一种双口电阻元件,是实际铁心变压器的抽象。电路模型如图 11－3 所示。

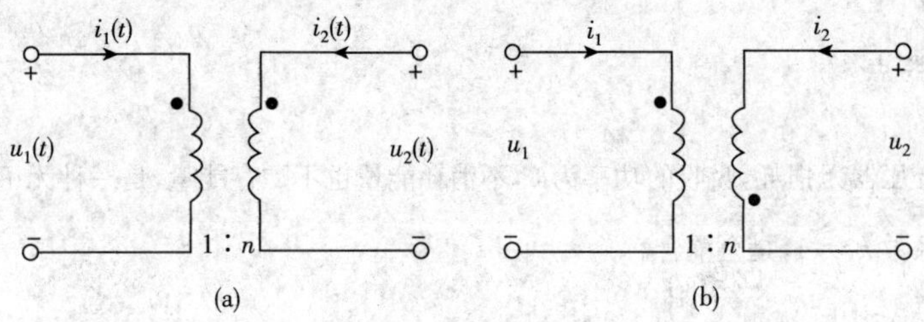

图 11－3

$n - \frac{N_2}{N_1}$ 为变压器二次端与一次端线圈匝比。对于图 11－3(a) 来说。

$$\begin{cases} u_2(t) = nu_1(t) \\ i_2(t) = -\dfrac{1}{n} i_1(t) \end{cases}$$

六、理想变压器的阻抗变换性质

$$R_i = \frac{1}{n^2} R_L$$

$$Z_i(j\omega) = \frac{1}{n^2} Z_L(j\omega)$$

七、理想变压器的实现

1. 理想变压器模型

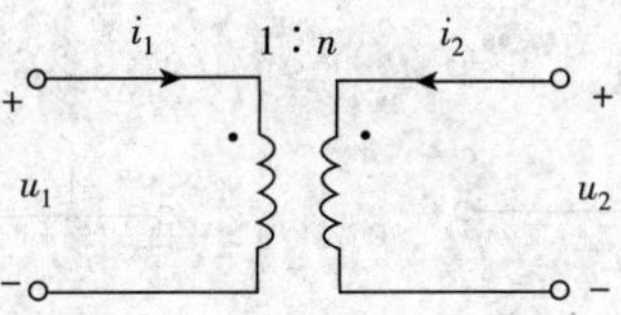

2. 理想变压器伏安关系式

$\frac{u_2}{u_1} = n$　　　　$\frac{i_2}{i_1} = \frac{1}{n}$

3. 理想变压器特点

(1) 理想变压器无损耗，吸收的功率为 0，不消耗能量也不贮存能量，是一种无记忆元件。

(2) 耦合系数 $k = 1$，是全耦合。

(3) 电感量无穷大

若令 $i_2 = 0$（次级开路），u_1 为有限值。而 $u_1 = L_1 \dfrac{di_1}{dt}$，因为 $i_2 = 0$，所以 $i_1 = 0$，必然有 $L_1 = \infty$。

4. 理想变压器可以用两个受控源实现

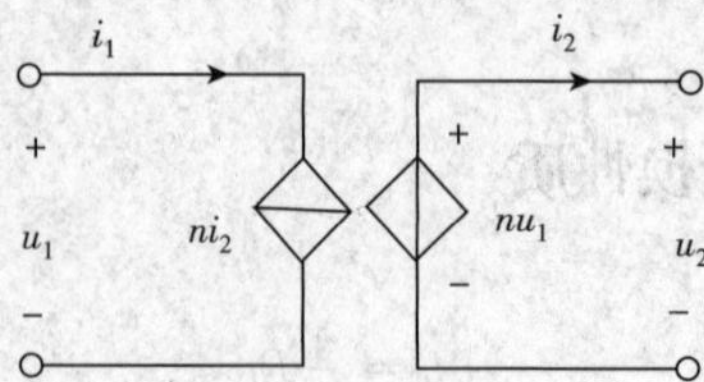

八、铁心变压器的模型

如果变压器的耦合系数可认为等于 1 而电感不为无限大，则这样的变压器称为全耦合变压器。其模型如图 11－4 所示。

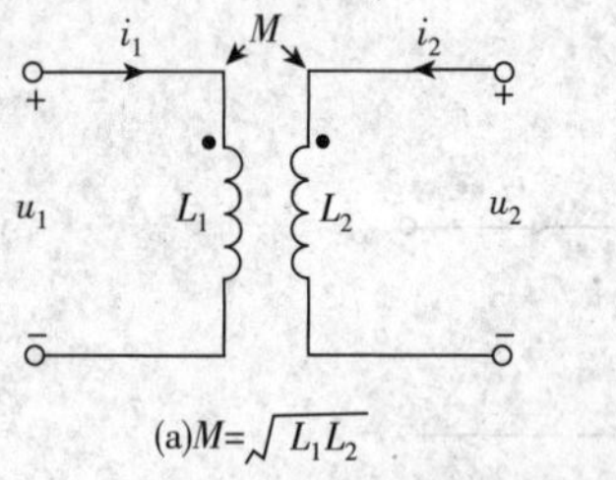

(a)$M=\sqrt{L_1L_2}$

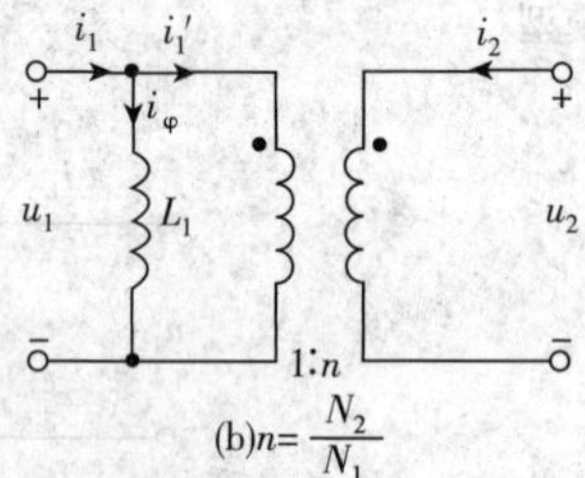

(b)$n=\dfrac{N_2}{N_1}$

图 11－4　全耦合变压器及模型

思考题与练习题解答

第一节

练习题

11－1 (1)试确定图 11－5 所示耦合线圈同名端。试设各种不同情况的电流参考方向，其结果是否相同？(2)若在端钮 1 输入正弦电流 $i=10\sin t$A，其参考方向指向端钮 1，已知互感 $M=0.01$H，求 u_{34}。

解题过程 (1)设左线圈电路 2 至 1，则产生的磁通方向为向右，若 3,4 接入电阻，则右线圈电流自 4 至 3 时，可使磁通增大电阻两端电压 3 正 4 负，从而 2、3 为同名端。若改变参考方向所得结果一致。

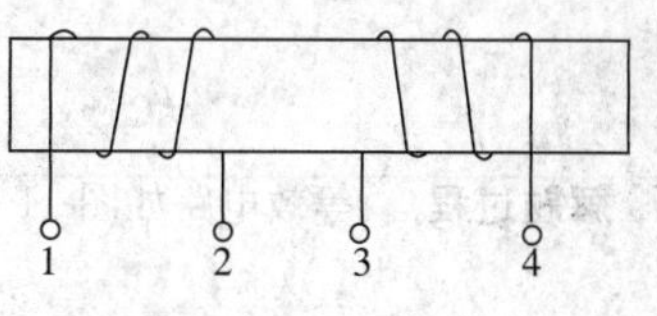

图 11－5

(2)$\dot{I}=\dfrac{10}{\sqrt{2}}\angle -90^\circ=-\mathrm{j}\cdot\dfrac{10}{\sqrt{2}}$A，$\omega=1$

$$\dot{u}_{34}=-\mathrm{j}\omega M\cdot\dot{I}=-\mathrm{j}\cdot 0.01\cdot\left(-\mathrm{j}\frac{10}{\sqrt{2}}\right)=-\frac{0.1}{\sqrt{2}}\angle 0^\circ\ \mathrm{V}$$

所以
$$u_{34}(t)=-0.1\cos t\mathrm{V}$$

11－2 电路如图 11－6 所示，求开关 S 闭合瞬间，自感电压及互感电压的真实极性。

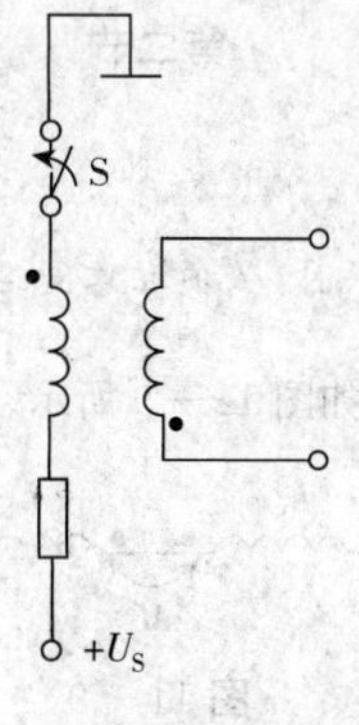

图 11－6

解题过程 自感电压上负下正,电流在增加。根据楞次定律为阻止电流增加,同名端电压为负,所以,互感电压为下负上正。

11－3 试为图 11－7(a)、(b)、(c) 所示三耦合电感绘出类似教材图 11－4 所示的含互感附加电压源的等效电路。

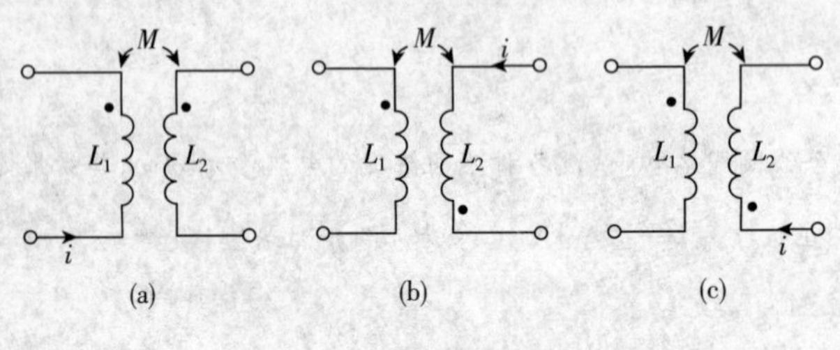

图 11－7

解题过程 等效电路如图 11－8 所示。

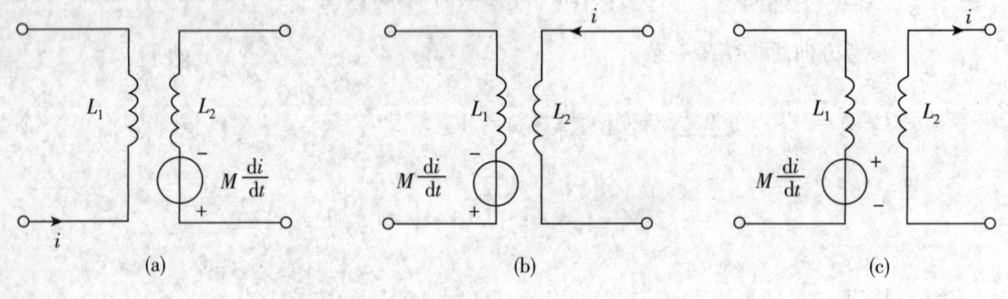

图 11－8

第二节

思考题

11－1 为什么将有互感的两线圈串联时,必须注意同名端,否则有烧毁的危险?

解题过程 对于有互感的两线圈,串联如图 11－9 所示。

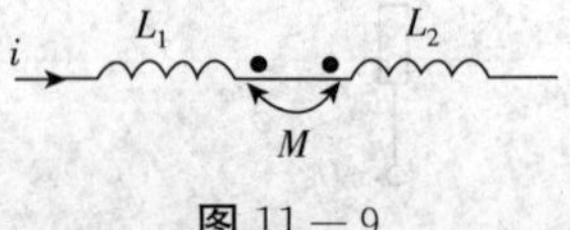

图 11－9

$$\dot{U}=\dot{I}\cdot(\mathrm{j}\omega L_1+\mathrm{j}\omega L_2)-2\mathrm{j}\omega MI=\mathrm{j}\omega(L_1+L_2-2M)\dot{I}$$

由于互感的存在使总电感量大大减小，从而电流增大造成短路。

练习题

11－4 试写出图 11－10 所示 4 个电路的 VCR。

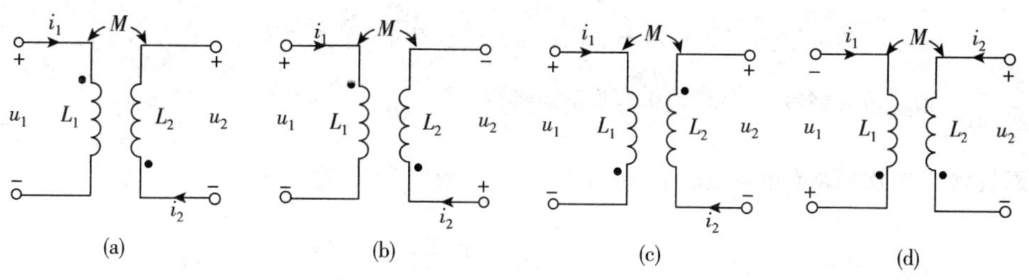

图 11－10

解题过程 (a)$\begin{cases}u_1=L_1\dfrac{\mathrm{d}i_1}{\mathrm{d}t}+M\dfrac{\mathrm{d}i_2}{\mathrm{d}t}\\u_2=-M\dfrac{\mathrm{d}i_1}{\mathrm{d}t}-L_2\dfrac{\mathrm{d}i_2}{\mathrm{d}t}\end{cases}$ (b)$\begin{cases}u_1=L_1\dfrac{\mathrm{d}i_1}{\mathrm{d}t}+M\dfrac{\mathrm{d}i_2}{\mathrm{d}t}\\u_2=M\dfrac{\mathrm{d}i_1}{\mathrm{d}t}+L_2\dfrac{\mathrm{d}i_2}{\mathrm{d}t}\end{cases}$

(c)$\begin{cases}u_1=L_1\dfrac{\mathrm{d}i_1}{\mathrm{d}t}+M\dfrac{\mathrm{d}i_2}{\mathrm{d}t}\\u_2=-M\dfrac{\mathrm{d}i_1}{\mathrm{d}t}-L_2\dfrac{\mathrm{d}i_2}{\mathrm{d}t}\end{cases}$ (d)$\begin{cases}u_1=-L_1\dfrac{\mathrm{d}i_1}{\mathrm{d}t}-M\dfrac{\mathrm{d}i_2}{\mathrm{d}t}\\u_2=M\dfrac{\mathrm{d}i_1}{\mathrm{d}t}+L_2\dfrac{\mathrm{d}i_2}{\mathrm{d}t}\end{cases}$

11－5 教材图 11－9(a) 所示耦合电感，$L_1=4\mathrm{H}$、$L_2=3\mathrm{H}$，$M=2\mathrm{H}$。求 u_2，若：(1)$i_1=5\cos(6t)\mathrm{A}$，$i_2=0$；(2)$i_1=0$，$i_2=3\cos(6t)\mathrm{A}$；(3)$i_1=5\cos(6t)\mathrm{A}$，$i_2=3\cos(6t)\mathrm{A}$。

解题过程 电路 VCR 关系为

$$\begin{cases}u_1=L_1\dfrac{\mathrm{d}i_1}{\mathrm{d}t}+M\dfrac{\mathrm{d}i_2}{\mathrm{d}t}\\u_2=M\dfrac{\mathrm{d}i_1}{\mathrm{d}t}+L_2\dfrac{\mathrm{d}i_2}{\mathrm{d}t}\end{cases}\Rightarrow\begin{cases}u_1=4\dfrac{\mathrm{d}i_1}{\mathrm{d}t}+2\dfrac{\mathrm{d}i_2}{\mathrm{d}t}\\u_2=2\dfrac{\mathrm{d}i_1}{\mathrm{d}t}+3\dfrac{\mathrm{d}i_2}{\mathrm{d}t}\end{cases}$$

(1)$u_2=2\cdot\dfrac{\mathrm{d}}{\mathrm{d}t}[5\cos(6t)]=-60\cdot\sin(6t)\mathrm{V}$

(2)$u_2=3\dfrac{\mathrm{d}}{\mathrm{d}t}[3\cos(6t)]=-54\sin(6t)\mathrm{V}$

(3)$u_2=2\dfrac{\mathrm{d}}{\mathrm{d}t}[5\cos(5t)]+3\dfrac{\mathrm{d}}{\mathrm{d}t}[3\cos(6t)]=-114\sin(6t)\mathrm{V}$

第三节

思考题

11－2 有人说：二次回路中的电流是感应电流，它产生的磁通应与一次回路电流所产生的磁通相消，因此，二次回路电流和一次回路电流一定是反相 180° 的。对吗？你觉得在含耦合电感的电路中，属于一次回路和二次回路的诸相量中，在任何情况下具有不变的相位关系的应该是哪两个？它们的相位关系如何？

解题过程 二次回路有电流是由于感应电压的存在，根据 VCR 关系，有

$$\begin{cases} u_1 = L_1 \dfrac{\mathrm{d}i_1}{\mathrm{d}t} + M\dfrac{\mathrm{d}i_2}{\mathrm{d}t} \\ u_2 = M\dfrac{di_1}{\mathrm{d}t} + L_2 \dfrac{\mathrm{d}i_2}{\mathrm{d}t} \end{cases}$$

若二次回路开路 $i_2 = 0$，不存在相位关系。

若二次回路有负载 R_L，则 $$u_2 = -i_2 \cdot R_L$$

$$L_2 \frac{\mathrm{d}i_2}{\mathrm{d}t} + R_2 i_2 + M\frac{\mathrm{d}i_1}{\mathrm{d}t} = 0$$

相量模型为 $$\dot{I}_2 = \frac{-\mathrm{j}\omega M}{\mathrm{j}\omega L_2 + R_2}\dot{I}_1$$

可见 $\dot{I}_1$ 与 $\dot{I}_2$ 的相位关系不是 180° 相位差。

练习题

11－6 耦合电感 $L_1 = 6\mathrm{H}$、$L_2 = 4\mathrm{H}$、$M = 3\mathrm{H}$，若 L_2 短路，求 L_1 端的电感值。

解题过程

$$Z_{11} = \mathrm{j}\omega L_1$$

$$Z_{22} = \mathrm{j}\omega L_2$$

由等效阻抗原理得

$$Z_i = Z_{11} + \frac{\omega^2 M^2}{Z_2} = \mathrm{j}\omega L_1 - \mathrm{j}\omega\frac{M^2}{L_2} = \mathrm{j}\omega\left(L_1 - \frac{M^2}{L_2}\right)$$

所以等效电感 $$L = L_1 - \frac{M^2}{L_2} = \left(6 - \frac{9}{4}\right)\mathrm{H} = \frac{15}{4}\mathrm{H}$$

11－7 接续上题，若 L_1 短路，求 L_2 端的电感值。

解题过程 L_1 短路时，等效关系为

$$Z'_{m}=Z_{22}+\frac{\omega^2M^2}{Z_{11}}=j\omega\left(L_2-\frac{M^2}{L_1}\right)$$

所以等效电感 $L=L_2-\frac{M^2}{L_1}=\left(4-\frac{9}{6}\right)H=\frac{5}{2}H$

11－8 图 11－11 所示电路的 $Z_{11'}$ 等于下列 5 个答案中的哪一个？

(A)j10 Ω；(B)j5 Ω；(C)j1.25 Ω；(D)j15 Ω；(E)j11.25 Ω。

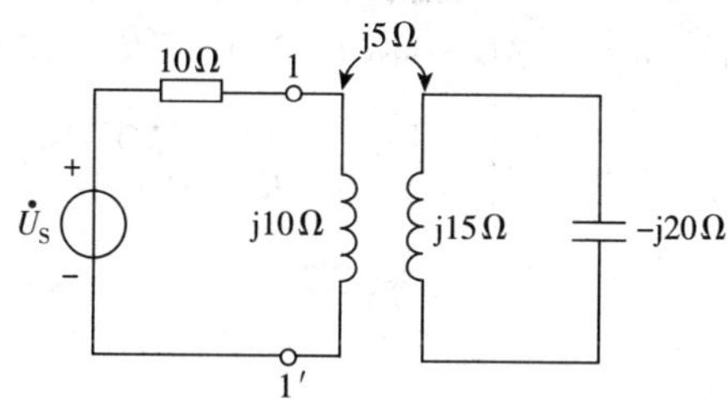

图 11－11

解题过程 对于 1－1′ 右侧电路

$Z_{11}=j10, Z_{22}=j15-j20=-5j$

$$Z_{11'}=Z_{11}+\frac{\omega^2M^2}{Z_{22}}=j10-\frac{25}{j5}=j15$$

所以选(D)。

第四节

练习题

11－9 推导图 11－12 所示电路的输入阻抗公式为

$$R_1+j\omega(L_1-M)+\frac{[R_2+j\omega(L_2-M)](j\omega M+R_0)}{R_2+R_0+j\omega L_2}$$

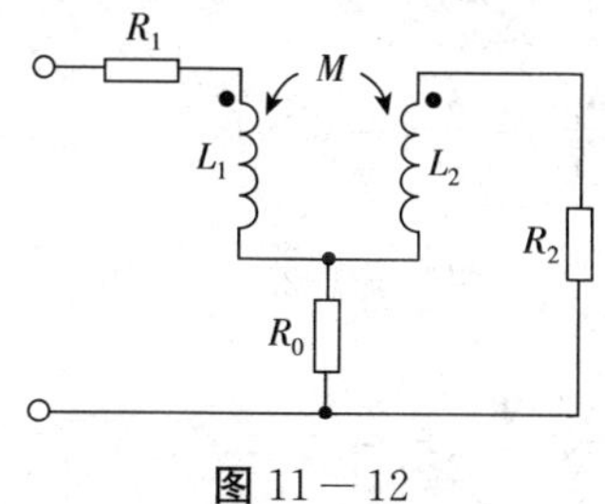

图 11－12

解题过程 耦合电感的等效电路如图 11－13 所示。

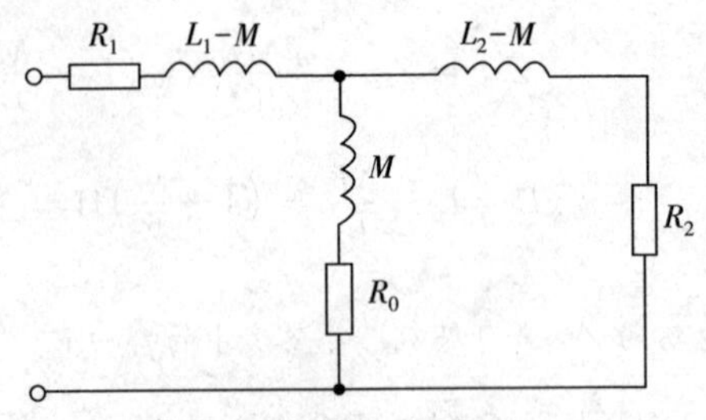

图 11－13

所以 $Z_i = R_1 + j\omega(L_1 - M) + (j\omega M + R_0) \,/\!/\, [R_2 + j\omega(L_2 - M)]$

$$= R_1 + j\omega(L_1 - M) + \frac{[R_2 + j\omega(L_2 - M)](j\omega M + R_0)}{R_2 + R_0 + j\omega L_2}$$

第五节

思考题

11－3 如果在教材图 11－25(a)、(b) 中，i_2 的参考方向与图中所示相反，问理想变压器的 VCR 如何？

解题过程 对于(a)，有$\begin{cases} u_2(t) = nu_1(t) \\ i_2(t) = \dfrac{1}{n}i_1(t) \end{cases}$；对于(b)，有$\begin{cases} u_2(t) = -nu_1(t) \\ i_2(t) = -\dfrac{1}{n}i_1(t) \end{cases}$。

练习题

11－10 某电源变压器如图 11－14(a) 所示(图所示为铁心变压器的电气图形符号，见教材表 1－1) 已知一次电压有效值为 220V，匝数为 600，问为了满足二次电压有效值各为 6.3 V，275V 及 5V 的要求，二次各绕组的匝数应为多少？又一次电流能算得吗？均按理想变压器考虑。

解题过程

$$n_1 = \frac{N'_2}{N_1} = \frac{6.3}{220} = 0.0286 \quad N'_2 = 17.182$$

$$n_2 = \frac{N_2}{N_1} = \frac{275}{220} = 1.25 \qquad N_2 = 750$$

$$n_3 = \frac{N''_2}{N_1} = \frac{5}{220} = 0.0227 \quad N''_2 = 13.64$$

一次电流不可算得,因为各二次电流无法算得。

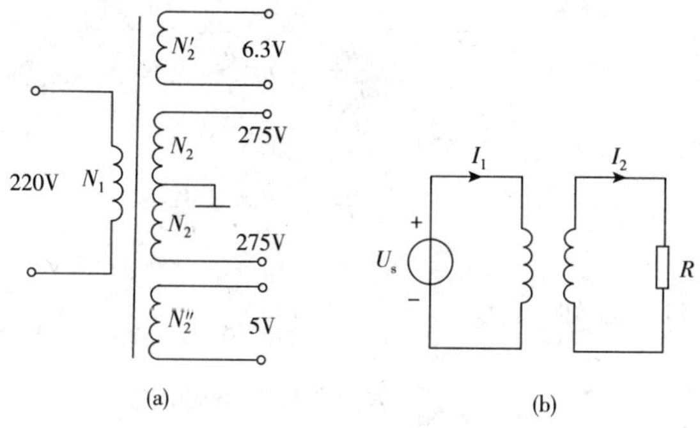

图 11－14

11－11 带负载R的理想变压器电路如图 11－14(b) 所示,已知二次电流有效值$I_2=100\text{mA}$、负载电阻$R=2\text{k}\Omega$,一次、二次匝数分别为 400 和 50 匝。试求一次电流和外施交流电源的有效值。

解题过程 因为

$$U_R=I_2\cdot R=200\text{V}$$

$$n=\frac{50}{400}=\frac{1}{8}$$

所以

$$U_s=\frac{U_R}{n}=1600\text{V}$$

$$I_2=\frac{1}{n}I_1$$

$$I_1=nI_2=\frac{1}{8}\times 100=12.5\text{mA}$$

第六节

练习题

11－12 若在教材图 11－27 中二次侧的"•"端改在下方,试证明有关折合电阻、折合阻抗的算法仍然成立。试求教材图 11－26(b) 所示电路的输入电阻。

解题过程 同名端不在同一侧,则 VCR 关系为

$$u_2=-n\cdot u_1$$

$$i_2=\frac{1}{n}i_1$$

而由负载 VCR $\qquad \dfrac{u_2}{i_2}=-R$

从而 $\qquad \dfrac{nu_1}{\dfrac{1}{n}i_1}=n_2\dfrac{u_1}{i_1}=R$

所以 $\qquad R_1=\dfrac{u_1}{i_1}=\dfrac{R}{n^2}$

由练习题 11－11 知 $\qquad n=\dfrac{1}{8}$

所以 $\qquad R_1=64R=120\text{k}\Omega$

11－13 电路如图 11－15 所示。(1) 试选择匝比使传输到负载的功率为最大；(2) 求 R 获得的最大功率。

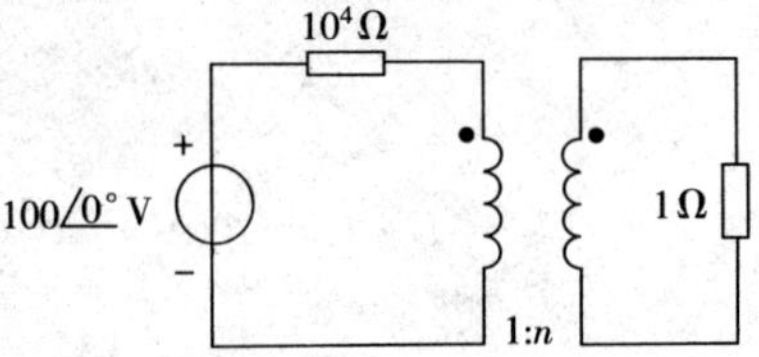

图 11－15

解题过程 (1) 由于变压器是理想的，所以可将 1Ω 电阻等效到一次端，当功率最大时有

$$R_0=\frac{1}{n^2}\times 1=10^4$$

所以 $\qquad n=\sqrt{\dfrac{1}{10^4}}=\dfrac{1}{100}$

(2) $P_{\max}=\dfrac{u_s^2}{4R_0}=\dfrac{100^2}{4\times 10^4}=\dfrac{1}{4}\text{W}$

11－14 电路如图 11－16 所示，试示 $\dot{U}_3$。

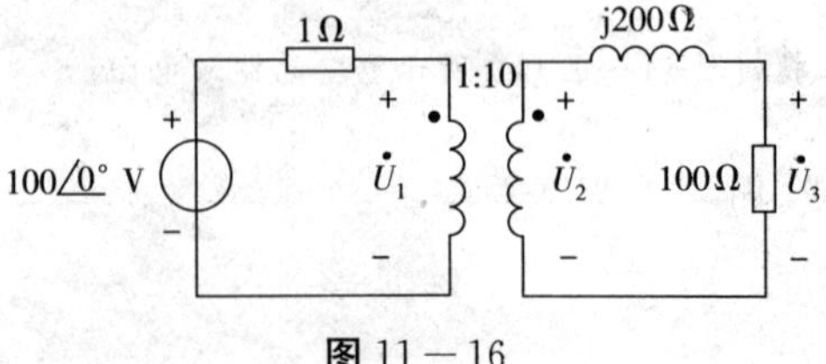

图 11－16

解题过程　图 11－17(a) 求出各定义的电流，同时将左侧电路等效到右侧

$$\dot{U}'_s = 100\dot{U}_s = 100\underline{/0^\circ}\ \mathrm{V}$$

$$R' = 1 \times n^2 = 100\Omega$$

从而等效电路如图 11－17(b) 所示。

$$\dot{U}_3 = \frac{100\dot{U}'_s}{100 + R' + \mathrm{j}200} = \frac{1}{2(1+\mathrm{j})} \cdot 1000 = \frac{500}{\sqrt{2}}\underline{/-45^\circ} = 353.55\underline{/-45^\circ}\ \mathrm{V}$$

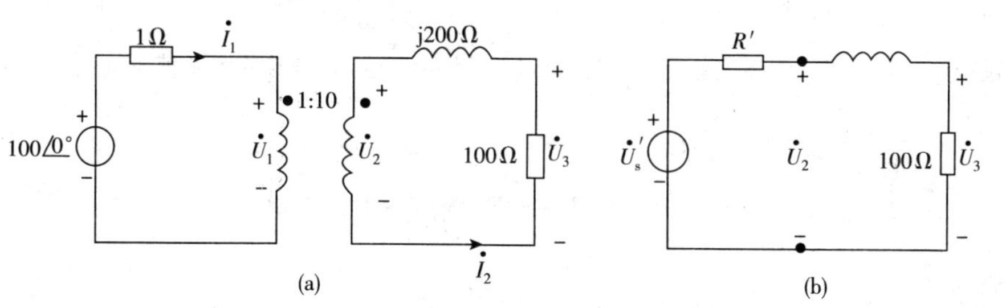

图 11－17

第七节

思考题

11－4　有人说：教材图 11－32 中，按照楞次定律，电流 i_2 的方向应该和图中所示者相反。这样说，对吗？

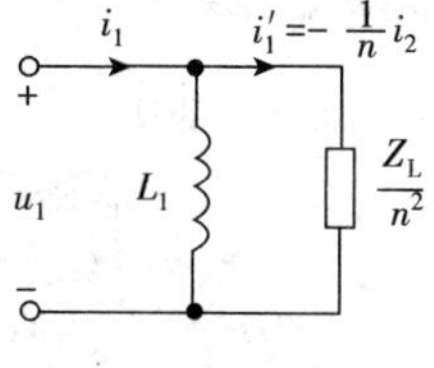

图 11－18

解题过程　不对，此方向是定义的参考方向，由理想变压器模型 VCR 中已有 $i_2 = -\dfrac{1}{2}i_1$。

11－5　理想变压器在任何情况下，一次电流与二次电流有不变的相位关系吗？全耦合变压器（只满足 $k=1$ 的耦合电感）一次与二次电压的相位关系又如何呢？（试与思考题 11－2 联系。）

解题过程　理想变压器一、二次电流相应位差为零，全耦变压器由电路等效模型看（如图 11－18 所

示）$i_1=-\frac{1}{2}i_2$ 的相位关系要视 Z_2 的具体情况而定。

第八节

思考题

11－6 有人认为教材图 11－40(b) 所示抽头电感类似于抽头电阻（电位器），因此，若总电感量为 L_2，则在匝数 $\frac{1}{10}$ 处抽头，所得电感应为 $\frac{1}{10}L_2$，对吗？

解题过程 不对，感应电感主要是由于自感效应产生的电感，其自身的电感值反而处于次要地位。从而感应电感大小为

$$L=\frac{L_2}{n_2}=\frac{L_2}{100}=0.0362\mu\text{H}$$

练习题

11－15 试用反映阻抗求解教材例 11－12 的电流 $\dot{I}_1$。

解题过程 将次级线圈侧阻抗等效为初级侧输入阻抗

$$Z_i=Z_{11}+\frac{\omega^2M^2}{Z_{22}}=\text{j}2+\frac{16}{8+\text{j}8}=\text{j}2+1-\text{j}=1+\text{j}$$

所以 $$\dot{I}_1=\frac{1}{Z_1}=\frac{1}{2}(1-\text{j})$$

11－16 求图 11－19 所示电路的输入电流 I_1 和输出电压 $\dot{U}_2$

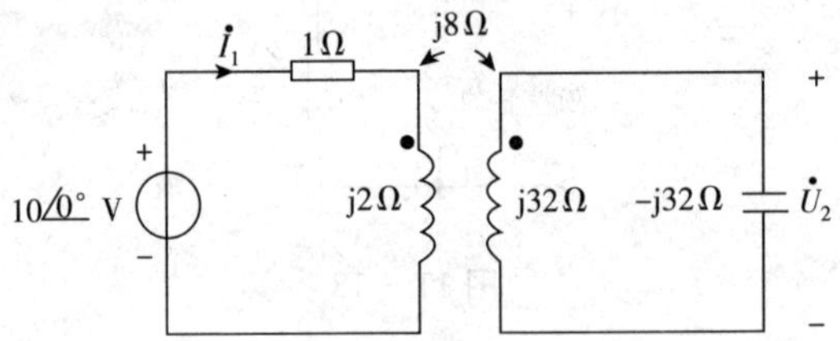

图 11－19

解题过程 由于此耦合电感 $k=\frac{M}{\sqrt{L_1\cdot L_2}}=1$，是耦合电感从而等效模型如图 11－20 所示。

$$n=\sqrt{\omega L_2/\omega L_1}=4$$

将 －j32Ω 等效到理想变压器输入端可求得 $\dot{I}_1$

$$\dot{I}_1 = \frac{\dot{U}_s}{1 + j2 \ /\!/ \left(\frac{1}{n^2} - j32\right)} = \frac{\dot{U}_s}{1 + \frac{j2(-j2)}{j2 - j2}} = 0A$$

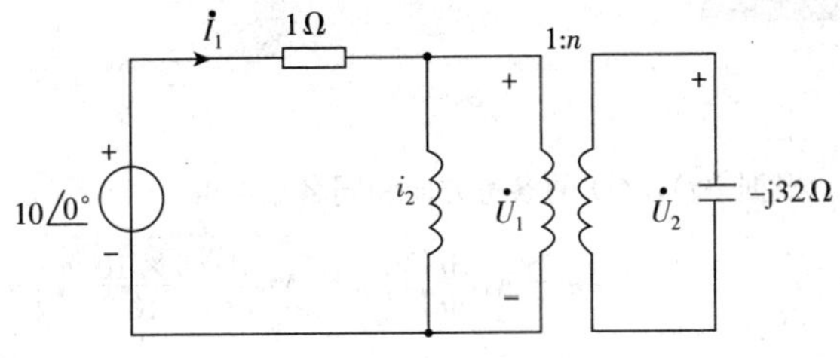

图 11－20

所以 $\dot{U}_1 = \dot{U}_s = 10\angle 0°\ V$

$$\dot{U}_2 = n \cdot \dot{U}_1 = 40\angle 0°\ V$$

11－17 自耦变压器电路如图 11－21 所示，若 $U_{ac} = 220V$、$U_{bc} = 200V$，试求流过绕组的电流。

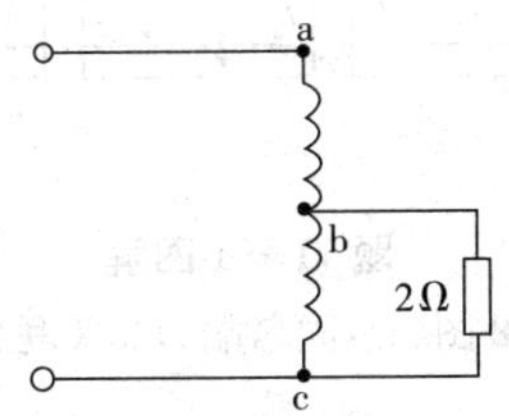

图 11－21

解题过程 假设自耦变压器电感 L 为无穷大，则

自耦变压器变化 $n = \frac{U_{bc}}{U_{ac}} = \frac{200}{220} = 0.9091$

$$I_2 = \frac{u_{bc}}{2} = 100A$$

I_1 为 ab 部分电流即流入 a 端电流

$$\frac{I_1}{I_2} = n, I_1 = nI_2 = 90.91A$$

所以 bc 部分电流 $I_3 = I_1 - I_2 = -9.09A$

课后习题全解

11－1 解题过程 根据 $i(t)$，$u(t)$ 的参考方向和同名端可得

$$u = M\frac{\mathrm{d}i}{\mathrm{d}t}，得\ u = M\frac{\mathrm{d}}{\mathrm{d}t}\left(\frac{5\times10^{-3}}{10^{-6}}t\right) = 5000\mathrm{M}$$

$$M = \frac{15000}{5000}\mathrm{H} = 3\mathrm{H}$$

t_a 与 t_b 间波形如题 11－1 图解所示（0→t_a 因时间未给定，电压值不确定）。

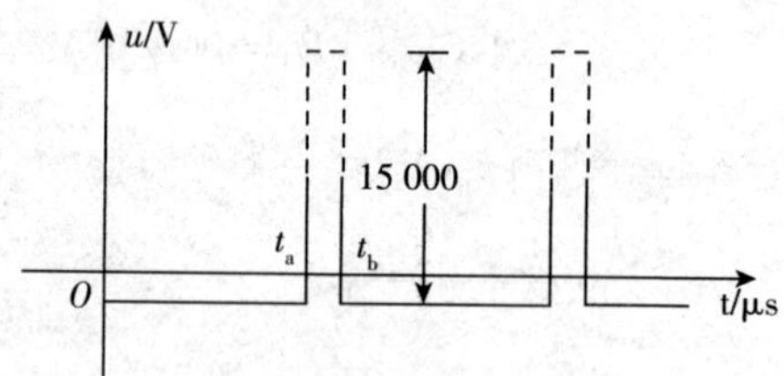

题 11－1 图解

11－2 解题过程 教材题 11－2 图(a)：同名端为非关联方向。

所以
$$u_2(t) = -M\frac{\mathrm{d}i_1}{\mathrm{d}t} + L_2\frac{\mathrm{d}i_2}{\mathrm{d}t}$$

教材题 11－2 图(b)：同名端为关联参考方向。

所以
$$u_1(t) = M\frac{\mathrm{d}i_2}{\mathrm{d}t}$$

由于 $i_1(t) = 0$，$u_1(t)$ 中无 $L_1\dfrac{\mathrm{d}i_1}{\mathrm{d}t}$ 项。

教材题 11－2 图(c)：同名端为关联参考方向。

所以
$$u_1(t) = M\frac{\mathrm{d}i_2}{\mathrm{d}t}$$

但 u_2，i_2 在 L 上是关联方向。

$$u_2(t) = L_2\frac{\mathrm{d}i_2}{\mathrm{d}t}$$

因此
$$\frac{\mathrm{d}i_2}{\mathrm{d}t} = \frac{u_2(t)}{L_2}$$

故得
$$u_1(t) = \frac{M}{L_2}u_2(t)$$

11－3 解题过程 相量模型相关联参考方向及同名端如题 11－3 图解所示。采用振幅相量，省略下标 m。

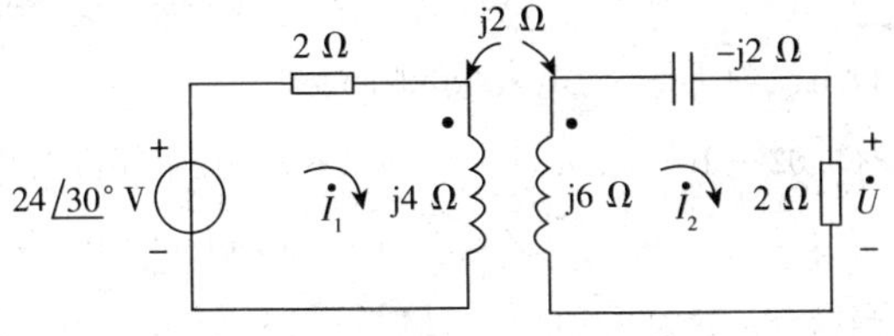

题 11－3 图解

$$\begin{cases}(2+\mathrm{j}4)\dot{I}_1-\mathrm{j}2\dot{I}_2=24\angle 30^\circ\\ -\mathrm{j}2\dot{I}_1+(2+\mathrm{j}6-\mathrm{j}2)\dot{I}_2=0\end{cases}$$

整理得

$$\begin{cases}(1+\mathrm{j}2)\dot{I}_1-\mathrm{j}\dot{I}_2=12\angle 30^\circ\\ -\mathrm{j}\dot{I}_1+(1+\mathrm{j}2)\dot{I}_2=0\end{cases}$$

所以

$$\dot{I}_2+(1+\mathrm{j}2)^2\dot{I}_2=12\angle 30^\circ+90^\circ$$

$$\dot{I}_2=\frac{12\angle 120^\circ}{-2+\mathrm{j}4}\mathrm{A}=\frac{12\angle 120^\circ}{4.47\angle 116.6^\circ}\mathrm{A}$$

$$=2.683.4^\circ\mathrm{A}$$

$$\dot{U}=2\dot{I}_2=5.36\angle 3.4^\circ\ \mathrm{V}$$

$$u(t)=5.36\cos(t+3.4^\circ)\mathrm{V}$$

11－4 解题过程 由耦合系数的定义 $M=k\sqrt{\mathrm{L}_1\cdot \mathrm{L}_2}$，可得

$$\omega M=k\cdot\sqrt{\omega L_1\cdot\omega L_2}=0.5\times\sqrt{16\times 4}=4\Omega$$

应用网孔电流法，定义网络电流如题 11－4 图解所示。

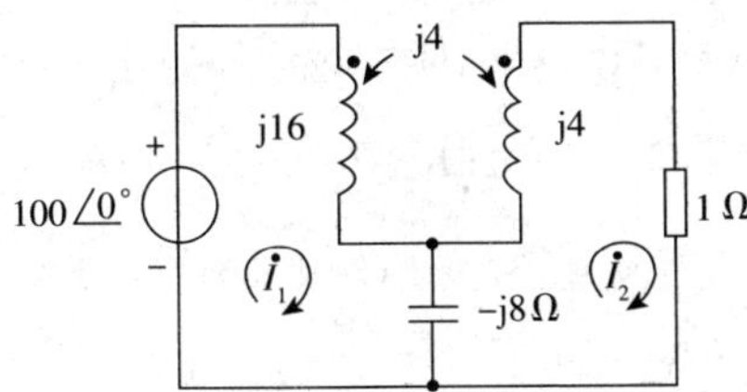

题 11－4 图解

$$\begin{cases}(\mathrm{j}16-\mathrm{j}8)\dot{I}_1+(\mathrm{j}8-\mathrm{j}4)\dot{I}_2=100\angle 0^\circ\\ (\mathrm{j}8-\mathrm{j}4)I_1+(1+\mathrm{j}4-\mathrm{j}8)\dot{I}_2=0\end{cases}$$

解得

$$\dot{I}_2 = \frac{50}{-1+\text{j}6} = 8.22\angle -99.46^\circ \text{ A}$$

所以 $\dot{U} = 1 \cdot \dot{I}_2 = 8.22\angle -99.46^\circ \text{ V}$

11－5 解题过程 设电流为 $\dot{I}$，$\omega = 10^6 \cdot 2\pi \text{rad/s}$

$$(0.02+10+0.02)\dot{I} + (\text{j}\omega \cdot 1.6\times10^{-6} + \text{j}\omega \cdot 1.6\times10^{-6} - 2\text{j}\omega M)\dot{I} = \dot{U}_s$$

所以 $Z = 10.04 + 2\text{j}\omega(1.6\times10^{-6} - M)$

当耦合系数为 0.75 时 $M = 0.75\times1.6\times10^{-6}$

$$Z = (10.04 + \text{j}1.6\pi)\Omega$$

所以 $P_L = \left(\dfrac{U_s}{|Z|}\right)^2 \cdot R_L = \dfrac{1}{11.23}\times10 = 0.0763\text{W}$

当 $k=1$ 时，$M = 1.6\times10^{-6}\text{H}$，$Z = 10.04\Omega$。

所以 $P_L = \left|\dfrac{U_S}{Z}\right|^2 \cdot R = \dfrac{1}{10.04^2}\cdot R = 0.0992\text{W} = 99.2\text{mW}$

注：互感类题目要特别注意同名端问题。

11－6 解题过程 相量模型如题 11－6 图解所示，互感电压作为附加电压源列入模型中，应用网孔电流法求解问题，其网孔方程为

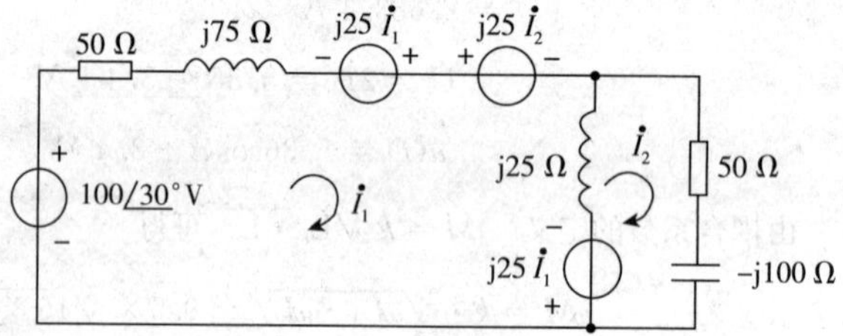

题 11－6 图解

$$(50+\text{j}75+\text{j}25)\dot{I}_1 - \text{j}25\dot{I}_2 - \text{j}25\dot{I}_1 + \text{j}25\dot{I}_2 - \text{j}25\dot{I}_1 = 100\angle 30^\circ$$

$$-\text{j}25\dot{I}_1 + (50+\text{j}25-j100)\dot{I}_2 + \text{j}25\dot{I}_1 = 0$$

化简后得 $(50+\text{j}50)\dot{I}_1 = 100\angle 30^\circ$

$$(50-\text{j}75)\dot{I}_2 = 0$$

解得

$$\dot{I}_1 = \frac{100\angle 30^\circ}{50\sqrt{2}\angle 45^\circ}\text{A} = \sqrt{2}\angle -15^\circ \text{ A}$$

$$\dot{I}_2 = 0\text{A}$$

故得

$$i_1(t) = \sqrt{2}\cos(10^3 t - 15^\circ)\text{A}$$

$$i_2(t) = 0\text{A}$$

11－7 解题过程 (1) 相量模型如题 11－7 图解所示，应用网孔电流法分析。

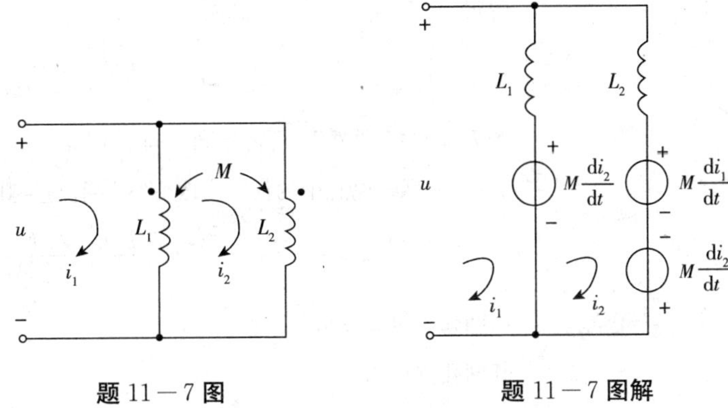

题 11－7 图　　　　题 11－7 图解

其网孔电流方程为

$$L_1\frac{di_t}{dt} - L_1\frac{di_2}{dt} + M\frac{di_2}{dt} = u$$

$$-L_1\frac{di_1}{dt} + (L_1 + L_2)\frac{di_1}{dt} + M\frac{di_1}{dt} - M\frac{di_2}{dt} - M\frac{di_2}{dt} = 0$$

整理后得

$$L_1\frac{di_t}{dt} - (L_1 - M)\frac{di_2}{dt} = u \qquad ①$$

$$(L_1 - M)\frac{di_1}{dt} - (L_1 + L_2 - 2M)\frac{di_2}{dt} = 0 \qquad ②$$

② 式代入 ① 式得

$$L_1\frac{di_t}{dt} - (L_1 - M)\left(\frac{L_1 - M}{L_1 + L_2 - 2M}\right)\frac{di_1}{dt} = u$$

即
$$\left(\frac{L_1^2 + L_1L_2 - 2ML_1 - L_1^2 + 2L_1M - M^2}{L_1 + L_2 - 2M}\right)\frac{di_1}{dt} = u$$

即
$$\left(\frac{L_1L_2 - M^2}{L_1 + L_2 - 2M}\right)\frac{di_1}{dt} = u$$

得等效电感

$$L = \frac{L_1L_2 - M^2}{L_1 + L_2 - 2M}$$

(2) 若 L_2 的"•"改标下方，则题 11－7 图中的所有附加电压源的极性均改变，相应的网孔方程为

$$L_1\frac{di_1}{dt}-(L_1+M)\frac{di_2}{dt}=u$$

$$(L_1+M)\frac{di_1}{dt}-(L_1+L+2M)\frac{di_2}{dt}=0$$

解得

$$L=\frac{L_1L_2-M^2}{L_1+L_2+2M}$$

若 L_1 的“·”端改变，可得相同解同上。

所以，两耦合电感中的任一个改变“·”端位置，其等效电感 L 为

$$L=\frac{L_1L_2-M^2}{L_1+L_2+2M}$$

11－8 解题过程　用网孔电流法分析。

其网孔方程为

$$(2+j4)\dot{I}_1-j2\dot{I}_2=12\angle 0^\circ$$

$$-j2\dot{I}_1+(2+j2)\dot{I}_2=0$$

整理得

$$(1+j2)\dot{I}_1-j\dot{I}_2=6\angle 0^\circ$$

$$-j\dot{I}_1+(1+j)\dot{I}_2=0$$

所以

$$\dot{I}_1=\frac{1+j}{j}\dot{I}_2=(1-j)\dot{I}_2$$

$$(1+j2)(1-j)I_2-jI_2=6$$

解得

$$3\dot{I}_2=6,\dot{I}_2=2A$$

$$\dot{I}_1=[(1-j)\times 2]A=(2-j2)A$$

$$Z_i=\frac{12\angle 0^\circ}{2-j2}\Omega=\frac{12(2+j2)}{8}\Omega=(3+j3)\Omega$$

11－9 解题过程　(1) 根据题意画出电路如题 11－9 图解所示。

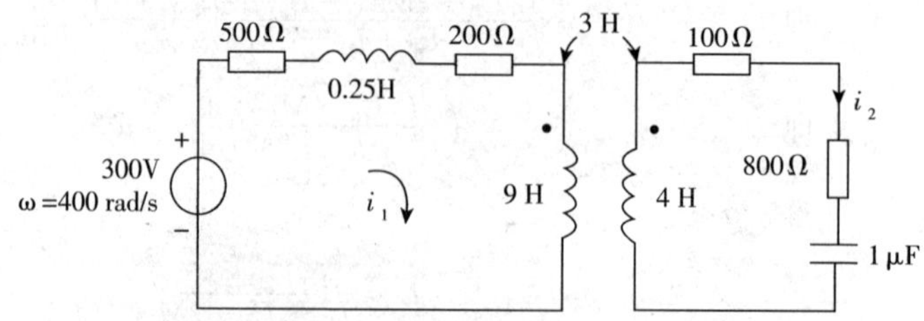

题 11－9 图解

$$M=k\sqrt{L_1L_2}=0.5\sqrt{9\times 4}H=3H$$

列出网孔方程为

$$(500+200+j100+j3600)\dot{I}_1-j1200\dot{I}_2=300$$

$$-j1200\dot{I}_1+(100+800+j1600-j2500)\dot{I}_2=0$$

整理得

$$(7+j37)\dot{I}_1-j12\dot{I}_2=3$$

$$j12\dot{I}_1=(9-j9)\dot{I}_2$$

所以

$$\dot{I}_1=\frac{9-j9}{j12}\dot{I}_2=\frac{3(-1-j)}{4}\dot{I}_2$$

$$(7+j37)\frac{3(-1-j)}{4}\dot{I}_2-j12\dot{I}_2=3$$

$$(22.5-j33-j12)\dot{I}_2=3$$

$$\dot{I}_2=\frac{3}{22.5(1-j2)}\text{A}=\frac{3}{22.5\times\sqrt{5}\angle 116.6^\circ}\text{A}=0.0596\angle -116.6^\circ\ \text{A}$$

则

$$P=P_2=(0.0596^2\times 800)\text{W}=2.843\text{W}$$

$$(2)\dot{I}_1=\left[\frac{3(-1-j)}{4}\times\frac{3}{22.5(1-j2)}\right]\text{A}=\frac{1-j3}{50}\text{A}=\frac{\sqrt{10}\angle -71.65^\circ}{50}\text{A}$$

$$P_1=\left(300\times\frac{\sqrt{10}}{50}\cos 7.56^\circ\right)\text{W}=18.97\times 0.316\text{W}=6\text{W}$$

$$\eta=\frac{P_2}{P'_1}\times 100\%=\frac{2.843}{6-500\times\left(\frac{\sqrt{10}}{50}\right)^2}\times 100\%=\frac{2.843}{4}\times 100\%=71.1\%$$

11－10 **解题过程** 两电感的互感

$$M=k\cdot\sqrt{L_1\cdot L_2}=0.4\sqrt{7.5\times 120}=12\text{mH}$$

设左侧回路中电流为 I_1，负载电流为 I_2

$$\begin{cases}\dot{I}_1(5+10+j\omega\cdot 7.5\times 10^{-3})-j\omega M\dot{I}_2=\dot{U}_s\\ \dot{I}_2(Z_L+160+j\omega\times 120\times 10^{-3})-j\omega M\dot{I}_1=0\end{cases}$$

解得

$$\dot{I}_1=\frac{Z_L+160+j\omega 0.12}{j\omega M}\dot{I}_2$$

$$\left[\frac{(15+j\omega 7.5\times 10^{-3})(Z_L+160+j\omega 0.12)}{j\omega M}-j\omega M\right]\dot{I}_2=\dot{U}_S$$

代入各参数可得

$$\left[\frac{5(1+\mathrm{j}2)(Z_L+160+\mathrm{j}480)}{\mathrm{j}16}-\mathrm{j}48\right]\dot{I}_2=\dot{U}_S$$

设 $Z_L=R+\mathrm{j}X$，则整理可得

$$\left[\frac{5}{16}(2R+X+800)+\mathrm{j}\,\frac{32+10X-5R}{16}\right]\dot{I}_2=\dot{U}_S$$

则负载消耗功率为 $R_L=I_2^2R$

即 $R_L=I_2^2R=\dfrac{R}{25(2R+X+800)^2+(32+10X-5R)^2}\cdot(16U_s)^2$

$$=\frac{R}{125R^2+47680R+125X^2+104640X+4000^2+32^2}\cdot(16U_s)^2$$

$$=(16U_s)^2\ \frac{R}{125R^2+47680R+(5\sqrt{5}X+\frac{10464}{\sqrt{5}})^2}+4000^2+32^2$$

$$-\frac{10464^2}{5}$$

若使 P_L 最大，则 $(5\sqrt{5X}+\dfrac{10464}{\sqrt{5}})^2=0$

所以 $X=-\dfrac{10464}{25}=-418.56\Omega$

从而 $\widetilde{P}_L=\dfrac{1}{125R+\dfrac{4546764.8}{R}+47680}(16R_s)^2$

当 $R=\sqrt{\dfrac{4546764.8}{125}}=190.73\Omega$ 时，$\widetilde{P}_L$ 达到最大。

$$P_{L\max}=\frac{(16u_s)^2}{47680+47680}=5.436\mathrm{W}$$

$$Z_L=190.73-\mathrm{j}148.56\Omega$$

可得 $I_2=\sqrt{\dfrac{P_{L\max}}{R}}=0.16883\mathrm{A}$

$$I_1=\left|\frac{Z_L+160+\mathrm{j}480}{\mathrm{j}48}\right|\cdot I_2=7.2128I_2=1.21774\mathrm{A}$$

变压器内耗为 $I_1^2\cdot10+I_2^2\cdot160=(14.849+4.561)\mathrm{W}=19.39\mathrm{W}$

效率 $\eta=\dfrac{5.436}{5.436+19.39}=21.9\%$

11－11 解题过程 将教材11－5电路图绘为题11－11图解(a)，其 $L_1=3.6\mathrm{H}$、$L_2=0.06\mathrm{H}$、$M=0.465\mathrm{H}$、$R_1=20\Omega$、$R_2=0.08\Omega$、$R_L=42\Omega$、$u_s=115\sqrt{2}\cos(314t)\mathrm{V}$。

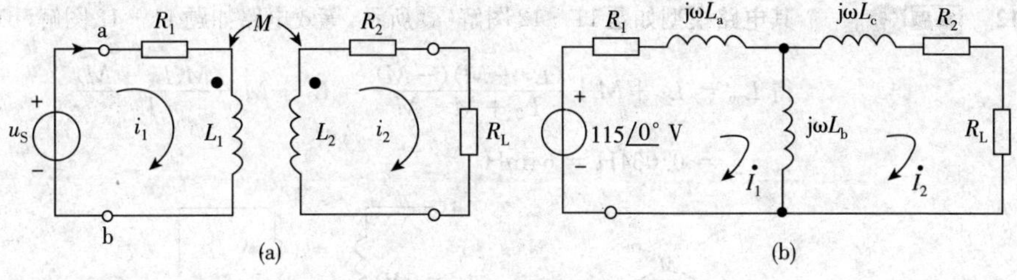

题 11－11 图解

去耦电路的相量模型如题 11－11 图解(b)，其中

$$L_a = L_1 - M = (3.6 - 0.465)\text{H} = 3.135\text{H}$$

$$L_b = M = 0.465\text{H}$$

$$L_c = L_2 - M = (0.06 - 0.465)\text{H} = -0.405\text{H}$$

网孔方程为

$$(R_1 + j\omega L_a + j\omega L_b)\dot{I}_1 - j\omega L_b\dot{I}_2 = 115\angle 0^\circ$$

$$-j\omega L_b\dot{I}_1 + (R_2 + R_L + j\omega L_b + j\omega L_c)\dot{I}_2 = 0$$

即
$$(20 + j314 \times 3.6)\dot{I}_1 - j314 \times 0.465\dot{I}_2 = 115\angle 0^\circ$$

$$-j314 \times 0.465\dot{I}_1 + (42.08 + j314 \times 0.06)\dot{I}_2 = 0$$

即
$$(20 + j1130.4)\dot{I}_1 - j146\dot{I}_2 = 115\angle 0^\circ \qquad ①$$

$$-j146\dot{I}_1 + (42.08 + j18.84)\dot{I}_2 = 0 \qquad ②$$

由 ② 式得

$$\dot{I}_2 = \frac{j146\dot{I}_1}{42.08 + j18.84} = \frac{146\angle 90^\circ}{46.11\angle 24.19^\circ}\dot{I}_1$$

上式代入 ① 式，得

$$1130.58\angle 88.99^\circ\ \dot{I}_1 - 146\angle 90^\circ \times \frac{146\angle 90^\circ}{46.11\angle 24.19^\circ}\dot{I}_1 = 115\angle 0^\circ$$

$$\left(1130.58^\circ\angle 88.99^\circ - \frac{21316\angle 180^\circ}{46.11\angle 24.19^\circ}\right)\dot{I}_1 = 115\angle 0^\circ$$

$$(1130.58\angle 88.99^\circ - 462.29\angle 155.88^\circ)I_1 = 115\angle 0^\circ$$

$$(19.93 + j1130.4 + 421.93 - j188.91)\dot{I}_1 = 115\angle 0^\circ$$

$$(441.86 + j941.49)\dot{I}_1 = 115\angle 0^\circ$$

$$(1140.02\angle 64.86^\circ)\dot{I}_1 = 115\angle 0^\circ$$

$$\dot{I}_1 = 0.11057\angle 64.86^\circ\ \text{A} = 110.6\angle -64.86^\circ\ \text{mA}$$

注：对于空心变压器的电路分析，其二次侧不能接有电源。

11－12 解题过程 其电路模型如题11－12图解(a)所示，等效电路如题11－12图解(b)所示。

$$得\ L_{ab}=L_1+M+\frac{(L_2+M)(-M)}{L_2+M-M}=L_1+M-\frac{M(L_2+M)}{L_2}$$

$$=0.064\text{H}=64\text{mH}$$

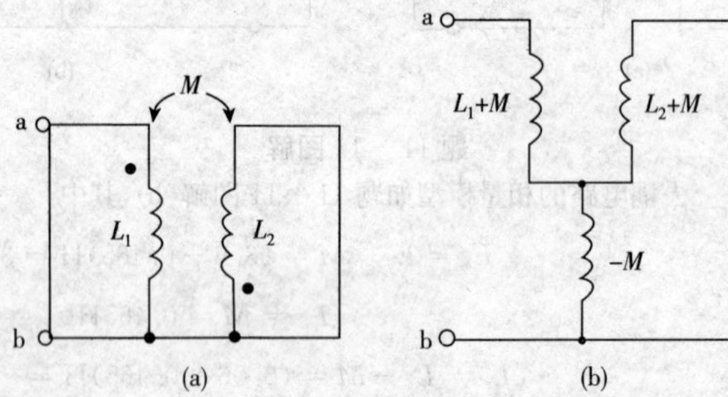

题11－12图解

注：本题的重点在于做出等效电路。

11－13 解题过程 $\dot{I}_2=\frac{\dot{U}}{2}=\frac{10}{2}\angle 0^\circ\ \text{A}=5\angle 0^\circ\ \text{A}$

$$\dot{U}_c=\dot{I}_2 Z_c=5\angle 0^\circ\times 2\angle -90^\circ\ \text{V}=10\angle -90^\circ\ \text{V}$$

$$\dot{U}_2=\dot{U}+\dot{U}_c=(10-\text{j}10)\text{V}$$

$$\dot{U}_1=\frac{\dot{U}_2}{2}=(5-\text{j}5)\text{V}$$

$$U_s=5-\text{j}5+2\dot{I}_1=(5-\text{j}5+2\times 2\times 5)\text{V}$$

$$=(25-\text{j}5)\text{V}=25.52\angle -11.31^\circ\ \text{V}$$

$$u_s(t)=25.52\cos(\omega t-11.31^\circ)\text{V}$$

注：注意互感的概念及公式的正确应用。

11－14 解题过程 将电流源等效转换到二次侧，其相量模型如题11－14图解所示。

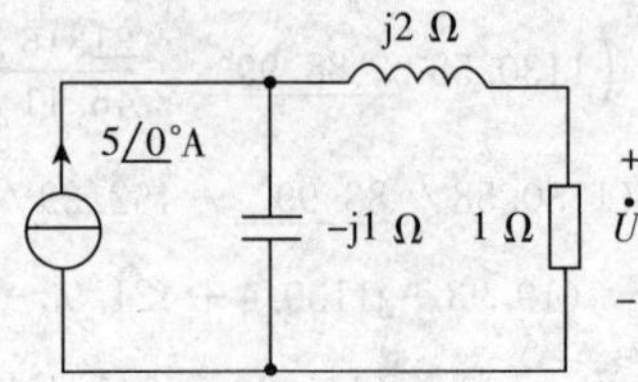

题11－14图解

由图形解得 $\dot{U}=\left(\frac{-\text{j}1}{1+\text{j}2-\text{j}1}\times 5\angle 0^\circ\times 1\right)\text{V}$

$$= \frac{5\angle -90^\circ}{\sqrt{2}\angle 45^\circ}\text{V} = 3.54\angle -135^\circ\ \text{V}$$

11－15 解题过程 从变压器二次侧向电源方向看，得等效内阻 R_1 为

$$R_1 = \frac{100\times 100}{100+100}\Omega = 50\Omega$$

为使负载能获最大功率，变压器一次侧向负载方向看的等效电阻也应为 50Ω，

即 $$50 = \left(\frac{1}{n}\right)^2 \times 10$$

可得 $$n = \frac{1}{\sqrt{5}} = 0.447$$

注意：解答本题时注意利用有变压器的电路中使负载获得最大功率的条件。

11－16 解题过程 等效电阻 $\dfrac{Z_1}{Z_2} = \left(\dfrac{N_1}{N_2}\right)^2 = \dfrac{1}{4}$

$$Z_2 = [(3-\text{j}2)\times 4]\Omega = (12-\text{j}8)\Omega$$

开路电压 $$\dot{U}_{\text{oc}} = (-2\times 24\angle 0^\circ)\text{V} = -48\angle 0^\circ\ \text{V}$$

$$\dot{I}_2 = \frac{-48+12}{12-\text{j}8+4}\text{A} = \frac{-36}{16-\text{j}8}\text{A} = \frac{-36}{17.89\angle -26.56^\circ}\text{A} = -2.01\angle 26.56^\circ\ \text{A}$$

11－17 解题过程 (1) $\text{j}\omega M = k\sqrt{\text{j}10\times \text{j}1000} = \text{j}100$

开路电压：设一次电流为 $\dot{I}_1$，流入同名端，则

$$(10+\text{j}10)\dot{I}_1 = 10\angle 0^\circ$$

$$\dot{I}_1 = \frac{10\angle 0^\circ}{10(1+\text{j})}\text{A} = \frac{1}{\sqrt{2}\angle 45^\circ}\text{A} = \frac{1}{\sqrt{2}}\angle -45^\circ\ \text{A}$$

$$\dot{U}_{\text{ab}} = \text{j}\omega M\dot{I}_1 = \left(\text{j}100\times\frac{1}{\sqrt{2}}\angle -45^\circ\right)\text{V} = 70.7\angle 45^\circ\ \text{V}$$

等效电阻：求等效电阻时令 $10\angle 0^\circ$ V 为零，从一次侧反映到二次侧的阻抗 Z 为

$$Z = \frac{(\omega M)^2}{10+\text{j}10}\Omega = \frac{10000}{10(1+\text{j})}\Omega = 500(1-\text{j})\Omega$$

$$Z_{\text{ab}} = (500-\text{j}500+\text{j}1000)\Omega = (500+\text{j}500)\Omega = 500\sqrt{2}\angle 45^\circ\ \Omega$$

(2) 短路电流 $$\dot{I}_{\text{sc}} = \frac{\dot{U}_{\text{ab}}}{Z_{\text{ab}}} = \frac{70.7\angle 45^\circ}{707\angle 45^\circ}\text{A} = 0.1\angle 0^\circ\ \text{A}$$

11－18 解题过程 (1) 因为$\frac{Z_1}{Z_2}=\left(\frac{N_1}{N_2}\right)^2=\frac{500}{10}$

所以 $\frac{N_1}{N_2}=\sqrt{50}=7.07$

(2) 电路如题 11－18 图解所示，从 ab 向电源看到戴维南等效阻抗为

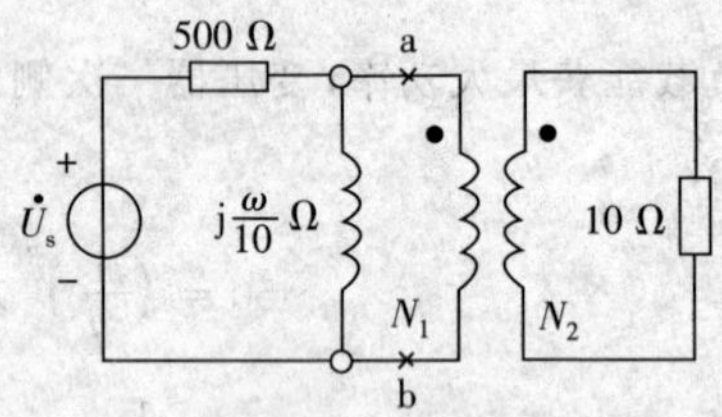

题 11－18 图解

$$Z_{ab}=\frac{500\times(j2\pi\times 100)}{500+j2\pi\times 100}\Omega=\frac{j3141}{5+j6.28}\Omega$$

$$=\frac{3141\angle 90^\circ}{8.03\angle 51.47^\circ}\Omega=391.2\angle 38.53^\circ\ \Omega$$

Z_{ab} 为一复数，所以只能取模相等，即

$$\frac{N_1}{N_2}=\frac{\sqrt{391.2}}{10}=6.255$$

注：由(1) 的解知道$\frac{N_1}{N_2}>1$从而初级线圈就是高压线圈。

11－19 解题过程 $k=\frac{M}{\sqrt{L_1L_2}}=1$，所以此变压器为全耦合变压器，因此 $n=\frac{N_2}{N_1}=\sqrt{\frac{L_2}{L_1}}=2$，从而电路模型如题 11－19 图解(a) 所示。

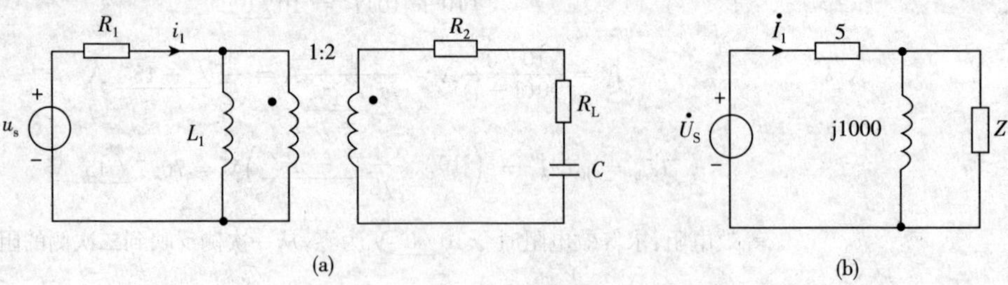

题 11－19 图解

$$\dot{U}_s=\frac{120}{\sqrt{2}}\angle 0^\circ\ \text{V},\omega=1000\text{rad/s}$$

进一步电路等效模型如题 11－19 图解(b) 所示。

$$Z=\frac{1}{n^2}(R_2+R_L+\frac{1}{j\omega C})=(\frac{1005}{4}-10^3j)\Omega$$

从而 $\dot{I}_1 = \dfrac{\dot{U}_S}{5+\text{j}1000//Z} = \dfrac{\dot{U}_S}{5+\dfrac{40\times10^6}{1005}}+\text{j}1000$

$$= \frac{1}{\sqrt{2}}\times\frac{120}{4108.652\angle 14.087^\circ}\text{A}$$

$$= \frac{1}{\sqrt{2}}\times 29.207\angle -14.087^\circ \times 10^{-3}\text{A}$$

所以 $i_1(t) = 29.207\cos(1000t-14.087^\circ)\text{mA}$

注:本题用振幅形式求解可避免多次写$\sqrt{2}$。

11－20 解题过程 作电路模型,负载 R_L 断开后的相量模型如题 11－20 图(a) 所示。

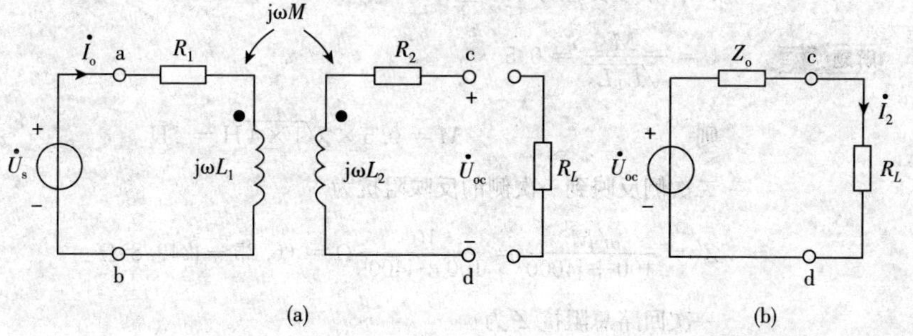

题 11－20 图

由此可得 $\dot{U}_{OC} = \text{j}\omega M\dot{I}_o$

而 $\dot{I}_o = \dfrac{\dot{U}_s}{Z_11} = \dfrac{115\angle 0^\circ}{20+\text{j}1130}\text{A} = \dfrac{115}{1130\angle 89^\circ}\text{A}$

$$= 101.7\angle -89^\circ \text{ mA}$$

$$\dot{U}_{OC} = \text{j}\omega M\dot{I}_o = 314\times 0.465\angle 90^\circ \times 101.7\angle -89^\circ \text{ V}$$

$$= 14.8\angle 1^\circ \text{ V}$$

等效电阻 $Z_o = Z_{22} + \dfrac{\omega^2 M^2}{Z_{11}}$

$$= R_2 + \text{j}\omega L_2 + \frac{\omega^2 M^2}{R_1+\text{j}\omega L_1}$$

令

$$R_2 + \text{j}\omega L_2 = (0.08+\text{j}18.84)\Omega$$

$R_1 + \text{j}\omega L_1 = (20+\text{j}1130)\Omega = 1130\angle 89^\circ\ \Omega$

$$\omega^2 M^2 = 2.13\times 10^4$$

故得

$$Z_o = (0.08 + \mathrm{j}18.84 + \frac{2.13 \times 10^4}{1130\angle 89^\circ})\Omega$$

$$= (0.08 + \mathrm{j}18.84 + 18.4\angle -89^\circ)\Omega$$

$$= (0.08 + \mathrm{j}18.84 + 0.33 - \mathrm{j}18.8)\Omega$$

$$= (0.41 - \mathrm{j}0.04)\Omega$$

根据题 11－20 图(b) 所示的等效二次电路，可得

$$\dot{I}_2 = \frac{\dot{U}_{OC}}{Z_o + R_L} = \frac{14.8\angle 1^\circ}{0.41 + 42}\mathrm{A} = \frac{14.8\angle 1^\circ}{42.4} = \mathrm{A} = 0.35\angle 1^\circ\ \mathrm{A}$$

注：解本题时注意与例 11－5，例 11－6 解法的不同。同时应领会反阻抗方法在求解等效电阻时的应用。

11－21 解题过程 $k = \frac{M}{\sqrt{L_1 L_2}} = 0.5$

则 $$M = 0.5 \times \sqrt{1 \times 4}\,\mathrm{H} = 1\mathrm{H}$$

二次侧反映到一次侧的反映阻抗为

$$Z' = \frac{\omega^2 M^2}{100 + \mathrm{j}4000} = \frac{10^6}{100 + \mathrm{j}4000}\Omega = (6.25 - \mathrm{j}249.8)\Omega$$

一次回路总阻抗 Z 为

$$Z = (10 + 6.25 - \mathrm{j}249.8 + \mathrm{j}1000 - \mathrm{j}\frac{1}{\omega C})\Omega$$

当谐振时虚部应为零，即 $$1000 = \frac{1}{1000C} + 249.8$$

$$\frac{1}{1000C} = 750.2$$

$$C = \frac{10^{-3}}{750.2}\mathrm{F} = 1.33\mu\mathrm{F}$$

11－22 解题过程 匝数比为 $1:n_2$ 的理想变压器，初级线圈的阻抗为$\frac{R_2}{n_2^2}$。

匝数比为 $1:n_1$ 的理想变压器，次级线圈的阻抗为 $R_1 + (\frac{R_2}{n_2^2})$，折合到初级线圈的阻抗为

$$\frac{1}{n_1^2}(R_1 + \frac{R_2}{n_2^2})$$

此即所示电路的输入阻抗。

11－23 解题过程 设 $\dot{U}_1$、$\dot{U}_2$、$\dot{U}$、$\dot{I}_1$、$\dot{I}_2$ 如题 11－23 图解中所示，列网孔方程

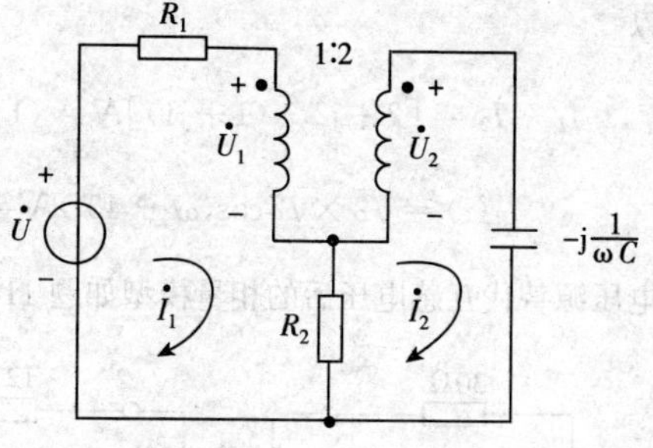

题 11－23 图解

$$(R_1+R_2)\dot{I}_1+\dot{U}_1-R_2\dot{I}_2=U \quad ①$$

$$(R_2-\mathrm{j}\frac{1}{\omega C})\dot{I}_2-R_2\dot{I}_1-\dot{U}_2=0 \quad ②$$

$$\frac{\dot{U}_1}{\dot{U}_2}=\frac{1}{n} \quad ③$$

$$\dot{I}_1=n\dot{I}_2 \quad ④$$

由①、②两式可得

$$20\dot{I}_1+\dot{U}_1-10\dot{I}_2=50\angle 0^\circ$$

$$(10-\mathrm{j}50)\dot{I}_2-10\dot{I}_1-\dot{U}_2=0$$

应用③式得

$$\frac{\dot{U}_1}{\dot{U}_2}=\frac{50+10\dot{I}_2-20\dot{I}_1}{(10-\mathrm{j}50)\dot{I}_2-10\dot{I}_1}=\frac{1}{n}$$

即

$$(50+10\dot{I}_2-20\dot{I}_1)n=(10-\mathrm{j}50)\dot{I}_2-10\dot{I}_1$$

应用④式得

$$50n+10n\dot{I}_2-20n^2\dot{I}_2=10\dot{I}_2-\mathrm{j}50\dot{I}_2-10n\dot{I}_2 \quad ⑤$$

因为 $n=2$，由⑤式得

$$(50-\mathrm{j}50)\dot{I}_2=100$$

$$\dot{I}_2=\frac{100}{50\sqrt{2}\angle -45^\circ}\mathrm{A}=\sqrt{2}\angle 45^\circ\ \mathrm{A}$$

由 $\frac{\dot{I}_1}{\dot{I}_2}=2$，得 $\dot{I}_1=2\sqrt{2}\angle 45^\circ\ \mathrm{A}$

流过 R_2 的电流为

$$\dot{I}_1-\dot{I}_2=\dot{I}_R$$

所以

$$\dot{I}_1-\dot{I}_2=[2+j2-(1+j1)]\text{A}=(1+j1)\text{A}=\sqrt{2}\angle 45^\circ\ \text{A}$$

$$i_R(t)=\sqrt{2}\times\sqrt{2}\cos(\omega t+45^\circ)\text{A}=2\cos(\omega t+45^\circ)\text{A}$$

11－24 解题过程 用电压源替代互感电压后的相量模型如题 11－24 图解所示。网孔方程为

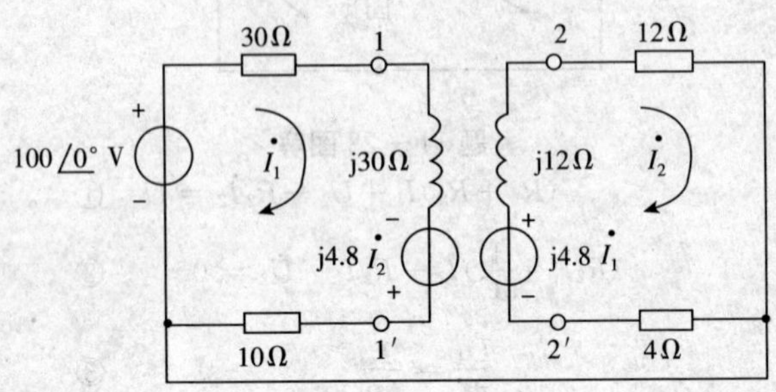

题 11－24 图解

$$(40+j30)\dot{I}_1-j4.8\dot{I}_2=100\angle 0^\circ$$

$$-j4.8\dot{I}_1+(16+j12)\dot{I}_2=0$$

即

$$50\angle 36.87^\circ\ \dot{I}_1-j4.8\dot{I}_2=100\angle 0^\circ$$

$$-j4.8\dot{I}_1+20\angle 36.87^\circ\ \dot{I}_2=0$$

$$\Delta=\begin{vmatrix}50\angle 36.87^\circ & -j4.8\\ -j4.8 & 20\angle 36.87^\circ\end{vmatrix}=1000\angle 73.74^\circ+4.8^2$$

$$=270+j960+23.04=293+j960=997.2\angle 74.29^\circ$$

$$\Delta_1=\begin{vmatrix}50\angle 36.87^\circ & 100\\ -j4.8 & 0\end{vmatrix}=j480$$

$$\Delta_2=\begin{vmatrix}100 & -j4.8\\ 0 & 20\angle 36.87^\circ\end{vmatrix}=2000\angle 36.87^\circ$$

$$\dot{I}_1=\frac{\Delta_1}{\Delta}=\frac{480\angle 90^\circ}{997.2\angle 74.29^\circ}\text{A}=0.4813\angle 15.71^\circ\ \text{A}$$

$$\dot{I}_2=\frac{\Delta_2}{\Delta}=\frac{2000\angle 36.87^\circ}{997.2\angle 74.29^\circ}\text{A}=2.005\angle -37.42^\circ\ \text{A}$$

$$\dot{U}_{1'2'}=10\dot{I}_1+4\dot{I}_2=(4.813\angle 15.71^\circ)+8\angle -37.42^\circ\ \text{V}$$

$$=(4.633+j1.307+6.353-j4.861)\text{V}=(10.986-j3.554)\text{V}$$

$= 11.55 \underline{/-17.93^\circ}$ V $\neq 0$(所以不能使用T形去耦等效电路求解)

11－25 解题过程 (1) 建立电路方程($t \geqslant 0$)

$$2i_1 + 1.5\frac{di_1}{dt} - \frac{1}{\sqrt{2}}\frac{di_2}{dt} = 12 \quad ①$$

$$2i_2 + \frac{di_2}{dt} - \frac{1}{\sqrt{2}}\frac{di_1}{dt} = 0 \quad ②$$

由①式得

$$\frac{di_2}{dt} = 2\sqrt{2}i_1 + \frac{3}{2\sqrt{2}}\frac{di_1}{dt} - 12\sqrt{2} \quad ③$$

$$\frac{d^2i_2}{dt^2} = 2\sqrt{2}\frac{di_1}{dt} + 1.5\sqrt{2}\frac{d^2i_1}{dt^2} \quad ④$$

②式微分一次,得

$$2\frac{di_2}{dt} + \frac{d^2i_2}{dt^2} - \frac{1}{\sqrt{2}}\frac{d^2i_1}{dt^2} = 0 \quad ⑤$$

③、④两式代入⑤式,可得

$$\frac{d^2i_1}{dt^2} + 5\frac{di_1}{dt} + 4i_1 = 24, \quad t \geqslant 0$$

特征方程

$$s^2 + 5s + 4 = 0$$

解得 $s_1 = -1, s_2 = -4$

令特解 $i' = Q$,代入上式,得

$$4Q = 24, Q = 6$$

所以

$$i_1(t) = 6 + K_1e^{-t} + K_2e^{-4t}$$

当 $t = 0$ 时,$i(0) = 6 + K_1 + K_2 = 0$,又

$$\frac{di_1}{dt}\bigg|_{t=0} = -K_1 - 4K_2 = 12$$

$$K_2 = -2, K_1 = -4$$

所以 $i_1(t) = (6 - 4e^{-t} - 2e^{-4t})$A

第十二章

拉普拉斯变换在电路分析中的应用

知识点精析

一、概念及基本性质

1. 概念

时间函数 $f(t)$ 的拉普拉斯变换，记为 $\mathscr{L}[f(t)]$ 其定义为

$$\mathscr{L}[f(t)] = \int_{0-}^{\infty} f(t)\mathrm{e}^{-\sigma t}\mathrm{e}^{-\mathrm{j}\omega t}\,\mathrm{d}t = \int_{0-}^{\infty} f(t)\mathrm{e}^{-st}\,\mathrm{d}t$$

其中 $S=\sigma+\mathrm{j}\omega$ 称为复频率，积分限 0_- 和 ∞ 是固定的，从而积分结果与 t 无关，进一步定义

$$\mathscr{L}[f(t)] = F(s)$$

$F(s)$ 即为 $f(t)$ 的拉普拉斯变换。

2. 性质

(1) 线性性质

$$\mathscr{L}[\alpha_1 f_1(t)+\alpha_2 f_2(t)] = \alpha_1\mathscr{L}[f_1(t)]+\alpha_2\mathscr{L}[f_2(t)] = \alpha_1 F_1(s)+\alpha_2 F_2(s)$$

(2) 微分性质

$$\mathscr{L}[\frac{\mathrm{d}f}{\mathrm{d}t}] = sF(s) - f(0\_)$$

(3) 积分性质

$$\mathscr{L}[\int_{0_-}^{t} f(\xi)\mathrm{d}\xi] = \frac{1}{s}F(s)$$

3. 应用

(1) 电路元件 VCR 的 s 域(复频率域) 形式

线性时不变电容的 s 域模型,如图 12－1 所示。

线性时不变电感的 s 域模型,如图 12－2 所示。

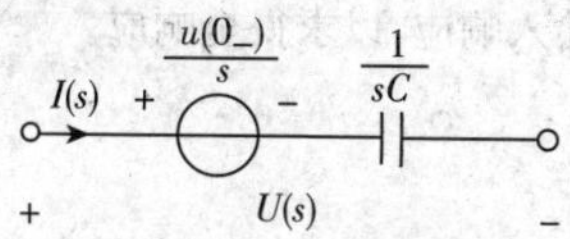

图 12－1

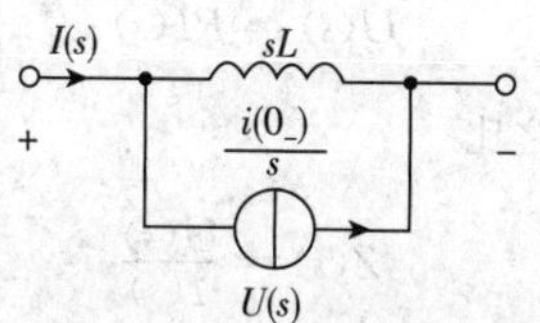

图 12－2

线性时不变电阻 VCR 的 s 域形式

$$U(s) = RI(s)$$

(2) 将电路模型变换到 s 域模型后,任何线性解法均适用于 s 域模型,如节点电压法、回路电流法、KCL、KVL 等。

二、反拉普拉斯变换 —— 赫维赛德展开定理

步骤:

(1) 将 $F(s)$ 用长除法化作 s 的多项式加真分式形式。

(2) 计算分母零点，将分母化为 $\Pi(s+p_i)$ 的形式。

(3) 利用留数求法将 $F(s)$ 化为 $\sum\frac{Ai}{s+p_i}$ 的形式。

若分母零点有复根或重根，则分母有 $S^2+\alpha s+\beta$ 的形式，则 $F(s)$ 有了 $\frac{As+B}{s^2+\alpha s+\beta}$ 的形式。用待定系数法求得 A、B。

(4) 查表分别求得每一项的时域对应形式求得 $f(t)$。

三、零状态分析

确定零状态响应是动态电路分析中最基本的问题。由于初始条件为零值，便于分析。当电路实际初始条件不为零时，可再叠加上零输入响应，以求得全响应。

初始条件为零时，

电容 $$U(s)=\frac{1}{sC}I(s)$$

电感 $$U(s)=sLI(s)$$

电阻 $$U(s)=RI(s)$$

拉普拉斯阻抗为 $U(s)$ 与 $I(s)$ 之比

$$Z(s)=\frac{U(s)}{I(s)}$$

拉氏导纳为 $$Y(s)=\frac{1}{Z(s)}$$

四、网络函数和冲激响应

对 s 域模型，在单一激励情况下网络函数 $H(s)$ 定义为

$$H(s)=\frac{\mathscr{L}[\text{零状态响应}]}{\mathscr{L}[\text{激励}]}=\frac{\mathscr{L}[y(t)]}{\mathscr{L}[x(t)]}=\frac{Y(s)}{X(s)}$$

五、线性时不变电路的叠加公式

在 s 域分析中，对某选定的响应，设初始时刻为 $t=0$，叠加原理可表述为

$$\mathscr{L}[\text{全响应}] = \mathscr{L}[\text{零状态响应}] + \mathscr{L}[\text{零输入响应}]$$

其中
$$\mathscr{L}[\text{零状态响应}] = \sum_{m=1}^{M} H_{em} X_m(s)$$

是 M 个电源引起的响应。

$$\mathscr{L}[\text{零输入响应}] = \sum_{n=1}^{N} H_{in} \frac{\lambda(0_-)}{s}$$

是 N 个电容／电感的初态引起的响应。

思考题与练习题解答

第一节

思考题

12－1 试利用拉氏变换的微分性质求得图 12－3 所示耦合电感的 s 域模型，设 i_1、i_2 的初始值均为零。

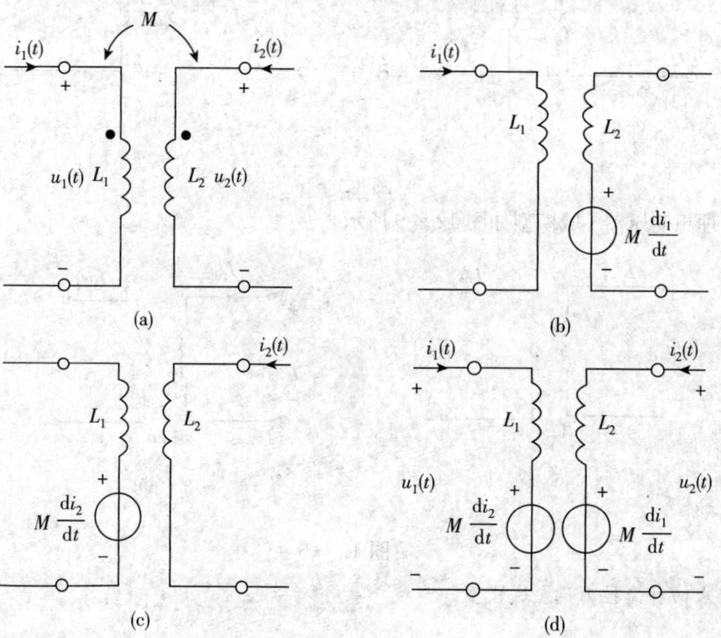

图 12－3

解题过程 耦合电感时域等效电路如图 12－3(d) 所示。

根据微分性质，将其化为 s 域模型如图 12－4 所示。

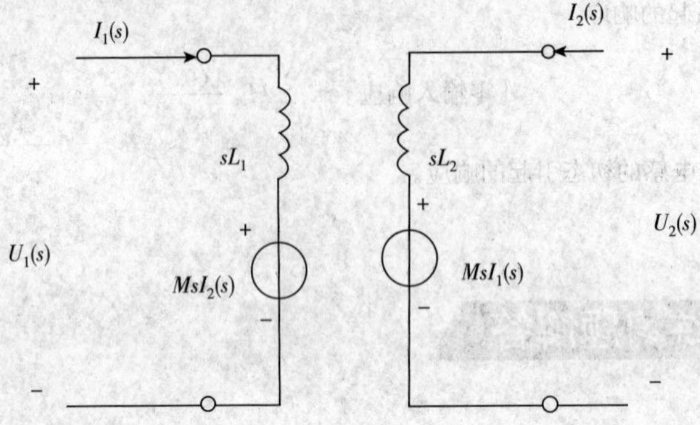

图 12－4

12－2 试求图 12－5 所示理想变压器的 s 域模型。

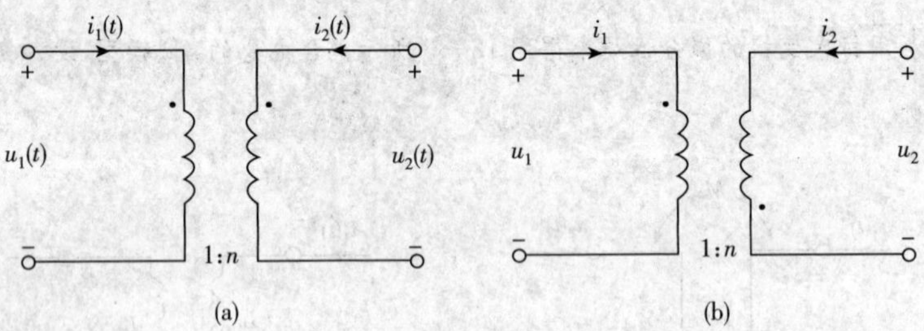

图 12－5

解题过程 理想变压器 s 域模型如图 12－6 所示。

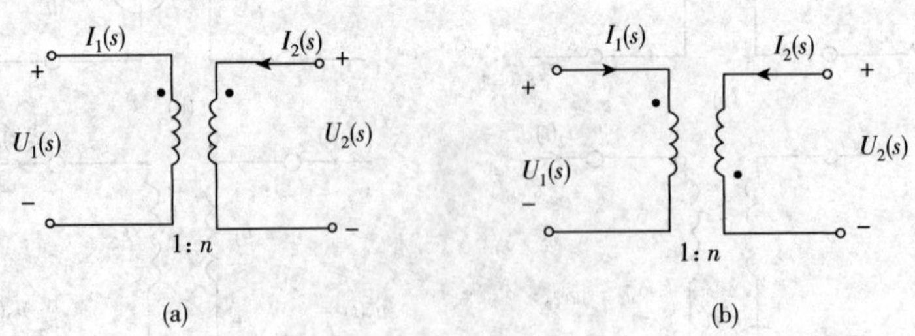

图 12－6

12－3 试求四种受控源的 s 域模型。

解题过程　四种受控源模型如图 12－7 所示。

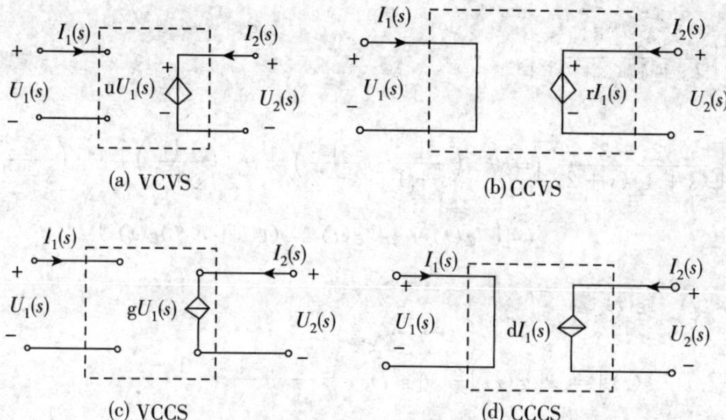

图 12－7

12－4　试作出类似于图 12－8 用 s 域分析法求解线性时不变动态电路的流程图。

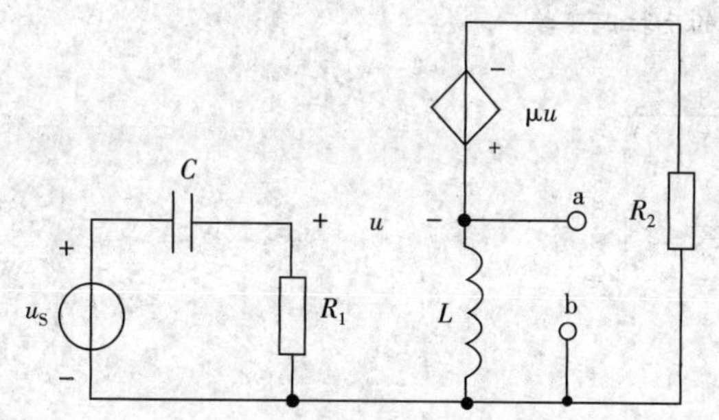

图 12－8

解题过程　线性时不变动态电路的流程图如图 12－9 所示

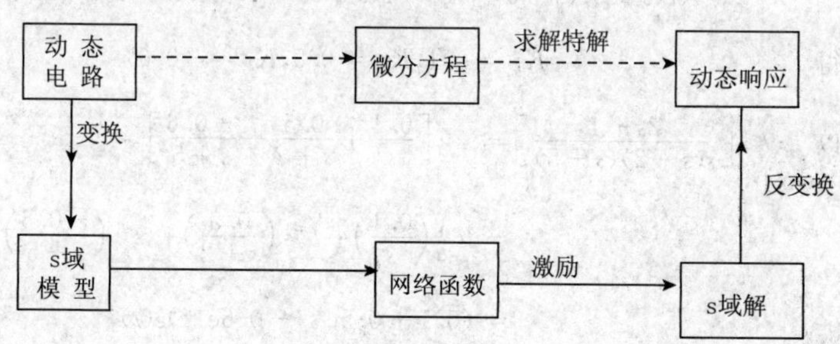

图 12－9

练习题

12－1 求$\mathscr{L}^{-1}\left[\dfrac{2s+3}{(s+1)(s+2)}\right]$。

解题过程 $\mathscr{L}^{-1}\left[\dfrac{2s+3}{(s+1)(s+2)}\right]=\mathscr{L}^{-1}\left(\dfrac{1}{s+1}+\dfrac{1}{s+2}\right)=\mathscr{L}^{-1}\left(\dfrac{1}{s+1}\right)+\mathscr{L}^{-1}\left(\dfrac{1}{s+2}\right)$

$$=e^{-t}\varepsilon(t)+e^{-2t}\varepsilon(t)=(e^{-t}+e^{-2t})\varepsilon(t)$$

12－2 求$\mathscr{L}[t\varepsilon(t)-\varepsilon(t)]$。

解题过程 $\mathscr{L}[t\varepsilon(t)-\varepsilon(t)]=\mathscr{L}[t\varepsilon(t)]-\mathscr{L}[\varepsilon(t)]=\dfrac{1}{s^2}-\dfrac{1}{s}=\dfrac{1-s}{s^2}$

第二节

练习题

12－3 求下列$F(s)$的反拉氏变换:

(1) $\dfrac{2s+1}{s(s+2)(s+5)}$

(2) $\dfrac{s}{s^2+4s+8}$

(3) $\dfrac{s}{(s+1)^2}$

解题过程 (1)$\mathscr{L}^{-1}\left[\dfrac{2s+1}{s(s+2)(s+5)}\right]=\mathscr{L}^{-1}\left[\dfrac{K_1}{s}+\dfrac{K_2}{s+2}+\dfrac{K_3}{s+5}\right]$

则 $$K_1(s+2)(s+5)+K_2\cdot s(s+5)+K_3\cdot s(s+2)=2s+1$$

解得 $$K_1=0.1,K_2=0.5,K_3=-0.6$$

所以 $\mathscr{L}^{-1}\left[\dfrac{2s+1}{s(s+2)(s+5)}\right]=\mathscr{L}^{-1}\left[\dfrac{0.1}{s}+\dfrac{0.5}{s+2}+\dfrac{-0.6}{s+5}\right]$

$$=\mathscr{L}^{-1}\left(\frac{0.1}{s}\right)+\mathscr{L}^{-1}\left(\frac{0.5}{s+2}\right)+\mathscr{L}^{-1}\left(\frac{-0.6}{s+5}\right)$$

$$=(0.1+0.5e^{-2t}-0.6e^{-5t})\varepsilon(t)$$

(2)$\mathscr{L}^{-1}\left(\dfrac{s}{s^2+4s+8}\right)=\mathscr{L}^{-1}\left[\dfrac{s+2}{(s+2)^2+4}-\dfrac{2}{(s+2)^2+4}\right]$

$$=\mathscr{L}^{-1}\left[\frac{s+2}{(s+2)^2+4}\right]-\mathscr{L}^{-1}\left[\frac{2}{(s+2)^2+4}\right]$$

$$= [e^{-2t}\cos(2t) - e^{-2t}\sin(2t)]\varepsilon(t) = \sqrt{2}e^{-2t}\cos(2t-45°)\varepsilon(t)$$

(3) $\mathscr{L}^{-1}\left[\dfrac{s}{(s+1)^2}\right] = \mathscr{L}^{-1}\left[\dfrac{K_1}{s+1} + \dfrac{K_2}{(s+1)^2}\right]$

则 $$K_1(s+1) + K_2 = s$$

解得 $$K_1 = 1, K_2 = -1$$

所以 $\mathscr{L}^{-1}\left[\dfrac{s}{(s+1)^2}\right] = \mathscr{L}^{-1}\left[\dfrac{1}{s+1} - \dfrac{1}{(s+1)^2}\right] = (e^{-t} - te^{-t})\varepsilon(t)$

第三节

练习题

12—4 试求图 12—10 所示电路的电流 $i(t)$,$t \geqslant 0$。(1) 用戴维南定理求解;(2) 用分流关系求解。

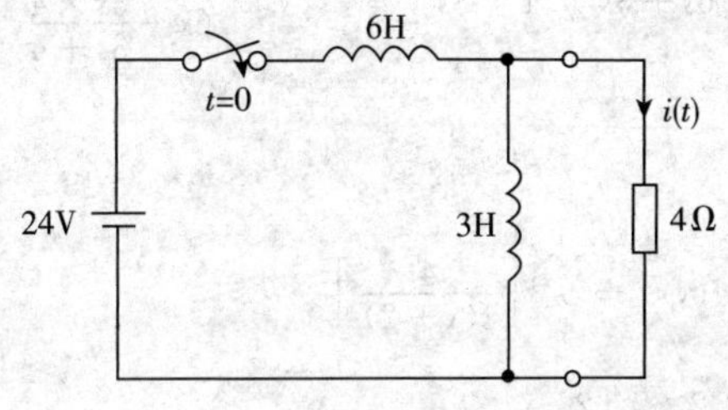

图 12—10

解题过程 (1) 采用戴维南定理

对电源进行拉氏变换 $U(s) = \mathscr{L}[(24\varepsilon(t))] = \dfrac{24}{s}$

则 s 域模型如图 12—11 所示。

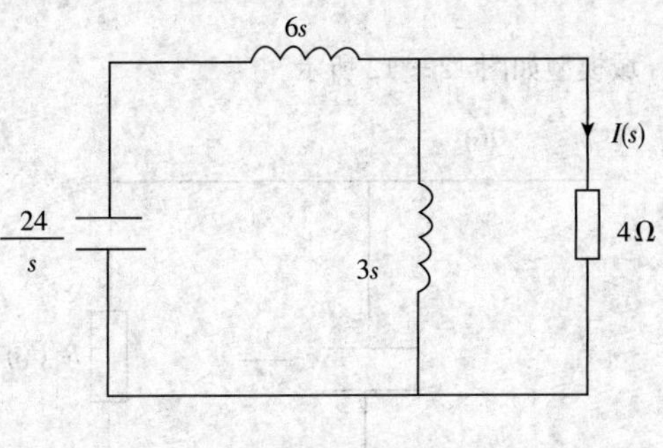

图 12—11

利用戴维南定理,单口网络电动势为 $U_1(s)$,则 $U_1(s) = \dfrac{U(s)}{6s+3s} \times 3s = \dfrac{8}{s}$

等效串联阻抗为 $Z_1(s)$,则 $Z_1(s) = 6s \,/\!/\, 3s = 2s$

等效的单口网络为

$$I(s) = \frac{U_1(s)}{Z_1(s)+4} = \frac{\frac{8}{s}}{2s+4} = \frac{4}{s(s+2)}$$

$$i(t) = \mathscr{L}^{-1}[I(s)] = \mathscr{L}^{-1}\left[\frac{4}{s(s+2)}\right] = \mathscr{L}^{-1}\left(\frac{2}{s} - \frac{2}{s+2}\right)$$

$$= (2-2\mathrm{e}^{-2t})\varepsilon(t)\mathrm{A}$$

(2) 利用分流关系

由 s 域模型图,根据分流关系得

$$I(s) = U(s) \times \frac{1}{6s+3s \,/\!/\, 4} \times \frac{3s}{3s+4} = \frac{24}{s} \times \frac{1}{6s+\frac{3s\times 4}{3s+4}} \times \frac{3s}{3s+4}$$

$$= \frac{4}{s^2+2s}$$

则 $i(t) = \mathscr{L}^{-1}[I(s)] = \mathscr{L}^{-1}\left[\frac{4}{s(s+2)}\right]$

$$= \mathscr{L}^{-1}\left(\frac{2}{s} - \frac{2}{s+2}\right) = (2-2\mathrm{e}^{-2t})\varepsilon(t)\mathrm{A}$$

第四节

练习题

12－5 试求解教材例 6－9。先求网络函数$\frac{U(s)}{I(s)}$,再求 $h(t) = u(t)$。

解题过程 作出零状态 s 域模型如图 12－12 所示。

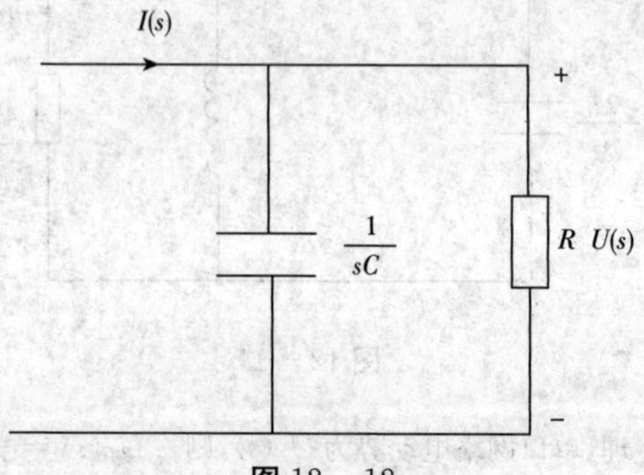

图 12－12

则网络函数 $$\frac{U(s)}{I(s)}=Z(s)=\frac{R\times\frac{1}{sC}}{R+\frac{1}{sC}}=\frac{R}{RCs+1}$$

单位冲击响应 $$h(t)=u(t)=\mathscr{L}^{-1}\left(\frac{R}{RCs+1}\right)$$

$$=\mathscr{L}\left(\frac{\frac{1}{C}}{s+\frac{1}{RC}}\right)=\frac{1}{C}\mathrm{e}^{-\frac{1}{RC}t}\varepsilon(t)$$

12－6 已知线性时不变电路的冲激响应为 $5\mathrm{e}^{-4t}\varepsilon(t)$，求当激励为 $4\mathrm{e}^{-5t}\varepsilon(t)$ 时的零状态响应。

解题过程 网络函数 $$H(s)=\mathscr{L}[5\mathrm{e}^{-4t}\varepsilon(t)]=\frac{5}{s+4}$$

激励 $$X(s)=\mathscr{L}[4\mathrm{e}^{-5t}\varepsilon(t)]=\frac{4}{s+5}$$

则零状态响应 $$Y(s)=X(s)\cdot H(s)=\frac{5}{s+4}\times\frac{4}{s+5}$$

$$y_s=\mathscr{L}^{-1}[Y(s)]=\mathscr{L}^{-1}\left(\frac{5}{s+4}\times\frac{4}{s+5}\right)$$

$$=\mathscr{L}^{-1}\left(\frac{20}{s+4}+\frac{-20}{s+5}\right)=(20\mathrm{e}^{-4t}-20\mathrm{e}^{-5t})\varepsilon(t)$$

12－7 (1) 已知电路的冲激响应为

$$h(t)=(\mathrm{e}^{-t}+2\mathrm{e}^{-2t})\varepsilon(t)$$

试求相应的网络函数。

(2) 若已知电路的正弦稳态网络函数为

$$H(\mathrm{j}\omega)=\frac{1}{1+\mathrm{j}\frac{\omega}{\omega_0}}$$

试求相应的冲激响应。

解题过程 (1) 网络函数 $H(s)=\mathscr{L}[h(t)]=\mathscr{L}[(\mathrm{e}^{-t}+2\mathrm{e}^{-2t})\varepsilon(t)]$

$$=\frac{1}{s+1}+\frac{2}{s+2}=\frac{3s+4}{s^2+3s+2}$$

(2) 因为正弦稳态网络函数为 $H(\mathrm{j}\omega)=\dfrac{1}{1+\mathrm{j}\frac{\omega}{\omega_0}}$

所以网络函数为 $H(s)=\dfrac{1}{1+\dfrac{s}{\omega_0}}=\dfrac{\omega_0}{\omega_0+s}$

冲击响应为 $h(t)=\mathscr{L}^{-1}[H(s)]=\omega_0 e^{-\omega_0 t}\varepsilon(t)$

第五节

练习题

12－8 电路及外施电压 $u_S(t)$ 分别如图 12－13(a)、(b) 所示，试求 $t\geqslant 0$ 时电流 $i(t)$ 的零输入响应、零状态响应和全响应。

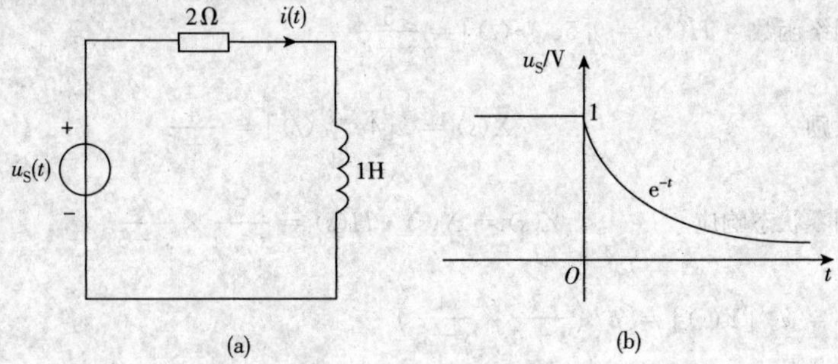

图 12－13

解题过程 在 $t=0$ 时，电感电流不为零 $i_L(0_-)=0.5\text{A}$

对于 $t\geqslant 0$ 的 s 域模型如图 12－14 所示。

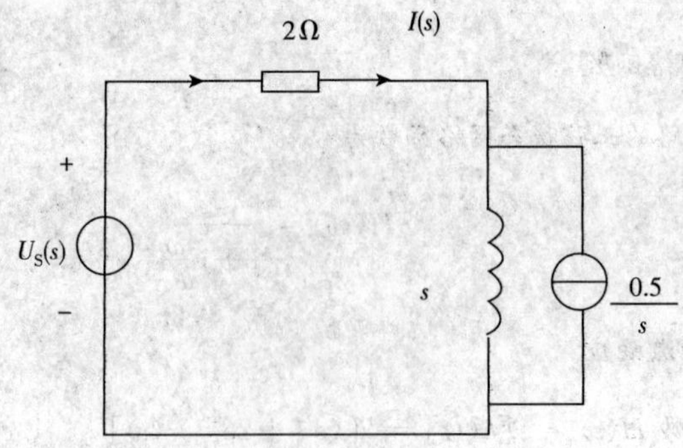

图 12－14

零输入响应，将电压源短接

$I_1(s)=\dfrac{0.5}{s}\times\dfrac{2s}{2+s}\times\dfrac{1}{2}=\dfrac{0.5}{2+s}, i_1(t)=\mathscr{L}^{-1}[I(s)]=0.5e^{-2t}$

零状态响应,将电流源开路

$$I_2(s)=\frac{U_S(s)}{2+s}\qquad U_S(s)=\mathscr{L}(e^{-t})=\frac{1}{s+1}$$

则
$$I_2(s)=\frac{\frac{1}{s+1}}{2+s}=\frac{1}{s+1}-\frac{1}{s+2}$$

$$i_2(t)=\mathscr{L}^{-1}\left(\frac{1}{s+1}-\frac{1}{s+2}\right)=e^{-t}-e^{-2t}$$

全响应为 $i(t)=i_1(t)+i_2(t)=0.5e^{-2t}+e^{-t}-e^{-2t}=e^{-t}-0.5e^{-2t}$

课后习题全解

12－1 解题过程 作出电路图和电路的 s 域模型如题 12－1 图解(a)、(b) 所示。

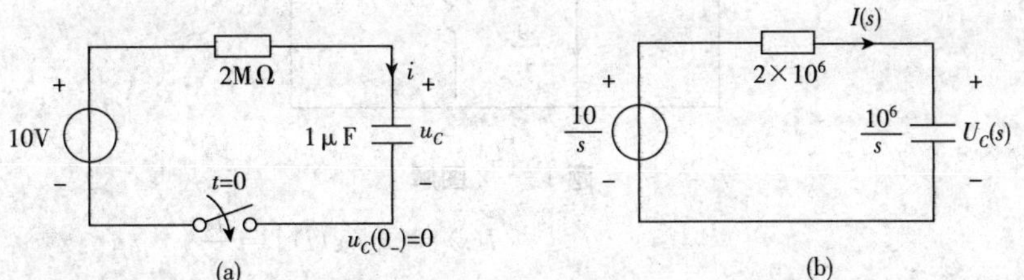

题 12－1 图解

$$Z(s)=R+\frac{1}{sC}=(2+\frac{1}{s})\cdot 10^6$$

$$I(s)=\frac{\frac{10}{s}}{(2+\frac{1}{s})\cdot 10^6}=\frac{10}{s}\,\frac{s}{2s+1}\times 10^{-6}$$

$$=\frac{5\times 10^{-6}}{s+0.5}$$

由教材表 12－1 序号 5 可得 $I(s)$ 的反变换为

$$i(t)=5e^{-0.5t}\varepsilon(t)\mu A$$

$$u_C(s)=\frac{10^6}{s}I(s)=\frac{5}{s(s+0.5)}=\frac{K_1}{s}+\frac{K_2}{s+0.5}$$

$$K_1(s+0.5)+K_2s=5,(K_1+K_2)s+0.5K_1=5$$

比较系数得

$$K_1+K_2=0,0.5K_1=5$$

解得 $$K_1=10,K_2=-10$$

所以 $$u_C(s)=\frac{10}{s}-\frac{10}{s+0.5}$$

$U(s)$ 的反变换为

$$U_C(t)=[10\varepsilon(t)-10\mathrm{e}^{-0.5t}\varepsilon(t)]\mathrm{V}=10(1-\mathrm{e}^{-0.5t})\varepsilon(t)\mathrm{V}$$

12－2 解题过程 $t\geqslant 0$，s 域电路模型如题 12－2 图解所示。

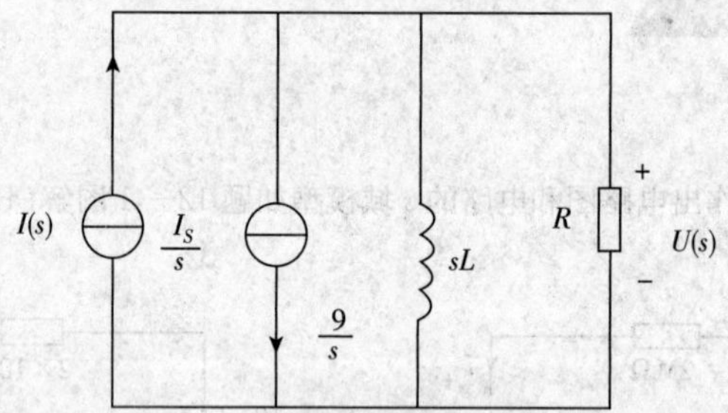

题 12－2 图解

$$I(s)=\mathscr{L}[I_S\varepsilon(t)]=\frac{I_S}{s}$$

则 $$U(s)=\left(\frac{I_S}{s}-\frac{\rho}{s}\right)\times\frac{sL\times R}{sL+R}=\frac{I_S-\rho}{s}\times\frac{sLR}{sL+R}$$

$$=(I_S-\rho)\times\frac{LR}{sL+R}=(I_S-\rho)\times\frac{R}{s+\frac{R}{L}}$$

$$u(t)=\mathscr{L}^{-1}[U(s)]=\mathscr{L}^{-1}\left[(I_S-\rho)\times\frac{R}{s+\frac{R}{L}}\right]=(I_S-\rho)\cdot R\cdot\mathrm{e}^{-\frac{R}{L}t}\varepsilon(t)\mathrm{V}$$

12－3 解题过程 $t\geqslant 0$ 时，s 域模型如题 12－3 图解(a) 所示，图中已将电感并联模型等效为串联。

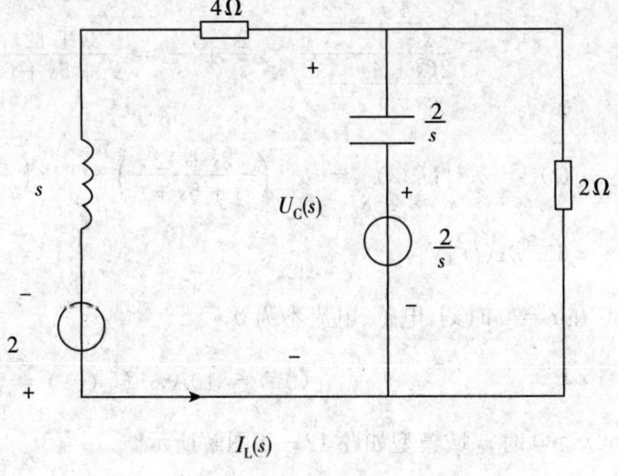

(a)

题 12－3 **图解**

由戴维南定理，等效为一个二端口网络[见题 12－3 图解(b)]

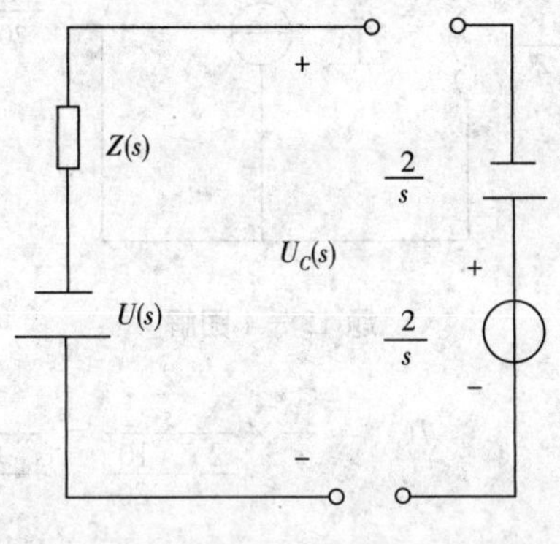

(b)

题 12－3 **图解**

等效电动势　$U(s)=\frac{2}{s+6}\times 2=\frac{4}{s+6}$

等效阻抗　$Z(s)=\frac{2\times(s+4)}{s+6}$

则 $U_C(s)=\frac{U(s)-\frac{2}{s}}{Z(s)+\frac{2}{s}}\times\frac{2}{s}+\frac{2}{s}$

$$=\frac{\frac{4}{s+6}-\frac{2}{s}}{\frac{2(s+4)}{s+6}+\frac{2}{s}}\times\frac{2}{s}+\frac{2}{s}=\frac{2s+12}{s^2+5s+6}$$

$u_c(t)=\mathscr{L}^{-1}[U_c(s)]=\mathscr{L}^{-1}\left(\frac{2s+12}{s^2+5s+6}\right)=\mathscr{L}^{-1}\left(\frac{8}{s+2}-\frac{6}{s+3}\right)=[(8e^{-2t}$

$-6e^{-3t})\varepsilon(t)]V$

12－4 解题过程 在 $t=0$ 时刻，电感、电流不为 0，

$$i_L(0_-)=10A,\quad U_C(0_-)=0$$

$t\geqslant 0$ 时，s 域模型如题 12－4 图解所示。

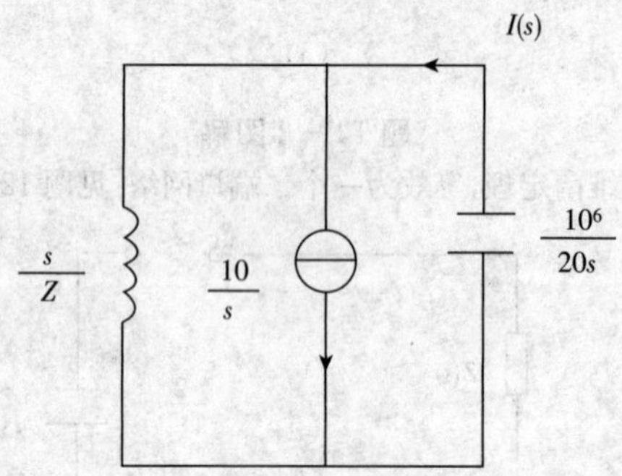

题 12－4 图解

$$I(s)=\frac{10}{s}\times\frac{\frac{2}{s}}{\frac{2}{s}+\frac{10^6}{20s}}=\frac{5}{\frac{s^2+10^5}{2s}}=\frac{10s}{s^2+10^5}$$

则 $i(t)=\mathscr{L}^{-1}[I(s)]=\mathscr{L}^{-1}\left(\frac{10s}{s^2+10^5}\right)=10\cos(316.23t)\varepsilon(t)A$

12－5 解题过程 (1) $F(s)=\frac{K_1}{s}+\frac{K_2}{s+2}+\frac{K_3}{s+4}+\frac{K_4}{s+5}$

$$K_1=s\frac{12(s+1)(s+3)}{s(s+2)(s+4)(s+5)}\bigg|_{s=0}=\frac{12\times 3}{2\times 4\times 5}=\frac{9}{10}$$

$$K_2=(s+2)\frac{12(s+1)(s+3)}{s(s+2)(s+4)(s+5)}\bigg|_{s=-2}=\frac{12\times(-1)\times 1}{-2\times 2\times 3}=1$$

$$K_3=(s+4)\frac{12(s+1)(s+3)}{s(s+2)(s+4)(s+5)}\bigg|_{s=-4}=\frac{12\times(-3)\times(-1)}{-4\times(-2)\times 1}=\frac{9}{2}$$

$$K_4=(s+5)\frac{12(s+1)(s+3)}{s(s+2)(s+4)(s+5)}\bigg|_{s=-5}=\frac{12\times(-4)\times(-2)}{-5\times(-3)\times(-1)}=-\frac{32}{5}$$

所以 $$F(s)=\frac{\frac{9}{10}}{s}+\frac{1}{s+2}+\frac{\frac{9}{2}}{s+4}-\frac{\frac{32}{5}}{s+5}$$

$$f(t)=(0.9+\mathrm{e}^{-2t}+4.5\mathrm{e}^{-4t}-6.4\mathrm{e}^{-5t})\varepsilon(t)$$

(2) $F(s)=\frac{s^2}{(s+1)(s+2)}=\frac{s^2}{s^2+3s+2}$

$F(s)$ 为假分式，不能直接使用赫维赛德定理。用长除法，得

$$F(s)=1-\frac{3s+2}{s^2+3s+2}=1-\frac{3s+2}{(s+1)(s+2)}=1-(\frac{K_1}{s+1}+\frac{K_2}{s+2})$$

对真分式部分有

$$K_1=(s+1)\frac{3s+2}{(s+1)(s+2)}\bigg|_{s=-1}=\frac{3s+2}{s+2}\bigg|_{s=-1}=-1$$

$$K_2=(s+2)\frac{3s+2}{(s+1)(s+2)}\bigg|_{s=-2}=\frac{3s+2}{s+1}\bigg|_{s=-2}=4$$

所以 $$F(s)=1+\frac{1}{s+1}-\frac{4}{s+2}$$

$$f(t)=\delta(t)+(\mathrm{e}^{-t}-4\mathrm{e}^{-2t})\varepsilon(t)$$

(3)

$$F(s)=\frac{8s^2+8s+1}{4s^2+6s+2}=\frac{8s^2+12s+4-4s-3}{4s^2+6s+2}=2-\frac{4s+3}{4s^2+6s+2}$$

$$=2-\frac{s+\frac{3}{4}}{s^2+1.5s+0.5}=2-\frac{s+\frac{3}{4}}{(s+1)(s+0.5)}=2-\frac{K_1}{s+1}-\frac{K_2}{s+0.5}$$

$$K_1=(s+1)\frac{s+\frac{3}{4}}{(s+1)(s+0.5)}\bigg|_{s=-1}=\frac{-0.25}{-0.5}=\frac{1}{2}$$

$$K_2=(s+0.5)\frac{s+\frac{3}{4}}{(s+1)(s+0.5)}\bigg|_{s=-0.5}=\frac{0.25}{0.5}=\frac{1}{2}$$

$$F(s)=-\frac{\frac{1}{2}}{s+1}-\frac{\frac{1}{2}}{s+0.5}$$

$$f(t)=2\delta(t)-\frac{1}{2}(\mathrm{e}^{-t}+\mathrm{e}^{-0.5t})\varepsilon(t)$$

(4) $F(s)=\frac{4s^2+7s+1}{s(s+1)^2}=\frac{K_1}{s}+\frac{K_2}{s+1}+\frac{K_3}{(s+1)^2}$

$$K_1 = s\,\frac{4s^2+7s+1}{s(s+1)^2}\bigg|_{s=0} = 1$$

$$K_2 = (s+1)\,\frac{4s^2+7s+1}{s(s+1)^2}\bigg|_{s=-1} = \frac{4-7+1}{-1} = 2$$

$$K_3 = \frac{\mathrm{d}}{\mathrm{d}s}\left[(s+1)^2\,\frac{4s^2+7s+1}{s(s+1)^2}\right]_{s=-1}$$

$$= \frac{\mathrm{d}}{\mathrm{d}s}\left[4s+7+\frac{1}{s}\right]_{s=-1} = (4-s^2)\bigg|_{s=-1} = 3$$

$$F(s) = \frac{1}{s} + \frac{2}{s+1} + \frac{3}{(s+1)^2}$$

$$f(t) = (1+2\mathrm{e}^{-t}+3t\mathrm{e}^{-t})\varepsilon(t)$$

(5) $F(s) = \dfrac{3s^2+7s+5}{(s+1)(s^2+2s+2)} = \dfrac{K_1}{s+1} + \dfrac{K_2}{s+1-\mathrm{j}} + \dfrac{K_3}{s+1+\mathrm{j}}$

$$K_1 = (s+1)\,\frac{3s^2+7s+5}{(s+1)(s^2+2s+2)}\,\bigg|_{s=-1} = \frac{3-7+5}{1-2+2} = 1$$

$$K_2 = (s+1-\mathrm{j})F(s)\bigg|_{s=-1+\mathrm{j}} = \frac{3s^2+7s+5}{(s+1)(s+1+\mathrm{j})}\bigg|_{s=-1+\mathrm{j}}$$

$$= \frac{-6\mathrm{j}-7+\mathrm{j}7+5}{\mathrm{j}\times \mathrm{j}2} = 1-\mathrm{j}0.5 = 1.12\underline{/-26.57^\circ}$$

$$K_3 = (s+1+\mathrm{j})F(s)\bigg|_{s=-1-\mathrm{j}} = \frac{3s^2+7s+5}{(s+1)(s+1-\mathrm{j})}\bigg|_{s=-1-\mathrm{j}}$$

$$= \frac{6\mathrm{j}-7-\mathrm{j}7+5}{-\mathrm{j}\times(-\mathrm{j}2)} = 1+\mathrm{j}0.5 = 1.12\underline{/26.57^\circ} = K_2^*$$

$$F(s) = \frac{1}{s+1} + \frac{1-\mathrm{j}0.5}{s+1-\mathrm{j}} + \frac{1+\mathrm{j}0.5}{s+1+\mathrm{j}}$$

$$f(t) = [\mathrm{e}^{-t} + (1-\mathrm{j}0.5)\mathrm{e}^{(-1+\mathrm{j})t} + (1+\mathrm{j}0.5)\mathrm{e}^{(-1-\mathrm{j})}t]\varepsilon(t)$$

$$= [\mathrm{e}^{-t} + \mathrm{e}^{-t}[(1-\mathrm{j}0.5)\mathrm{e}^{\mathrm{j}t} + (1+\mathrm{j}0.5)\mathrm{e}^{-\mathrm{j}t}]\varepsilon(t)$$

$$= \left\{\mathrm{e}^{-t} + \mathrm{e}^{-t}[(\mathrm{e}^{\mathrm{j}t}+\mathrm{e}^{-\mathrm{j}t}) + \mathrm{j}\,\frac{1}{2}(\mathrm{e}^{-\mathrm{j}t}-\mathrm{e}^{\mathrm{j}t})]\right\}\varepsilon(t)$$

$$= \left\{\mathrm{e}^{-t} + \mathrm{e}^{-t}[2(\frac{\mathrm{e}^{\mathrm{j}t}+\mathrm{e}^{-\mathrm{j}t}}{2} + \frac{1}{2\mathrm{j}}(\mathrm{e}^{\mathrm{j}t}-\mathrm{e}^{-\mathrm{j}t}))]\right\}\varepsilon(t)$$

$$= [\mathrm{e}^{-t} + \mathrm{e}^{-t}(2\cos t + \sin t)]\varepsilon(t)$$

(6) $F(s) = \dfrac{s^3+7s^2+14s+8}{(s+3)(s+4)(s+5)(s+6)} = \dfrac{K_1}{s+3} + \dfrac{K_2}{s+4} + \dfrac{K_3}{s+5} + \dfrac{K_4}{s+6}$

$$K_1=(s+3)F(s)\Big|_{s=-3}=\frac{-27+63-41+8}{1\times2\times3}=\frac{1}{3}$$

$$K_2=(s+4)F(s)\Big|_{s=-4}=\frac{-64+112-56+8}{-1\times1\times2}=0$$

$$K_3=(s+5)F(s)\Big|_{s=-5}=\frac{-125+175-70+8}{-2\times(-1)\times1}=-6$$

$$K_4=(s+6)F(s)\Big|_{s=-6}=\frac{-216+252-84+8}{-3\times(-2)\times(-1)}=\frac{20}{3}$$

$$F(s)=\frac{\frac{1}{3}}{s+3}+\frac{0}{s+4}-\frac{6}{s+5}+\frac{\frac{20}{3}}{s+6}$$

$$f(t)=\left(\frac{1}{3}e^{-3t}-6e^{-5t}+\frac{20}{3}e^{-6t}\right)\varepsilon(t)$$

12－6 **解题过程** $t\geqslant0$ 时，s 域模型如题 12－6 图解(a) 所示

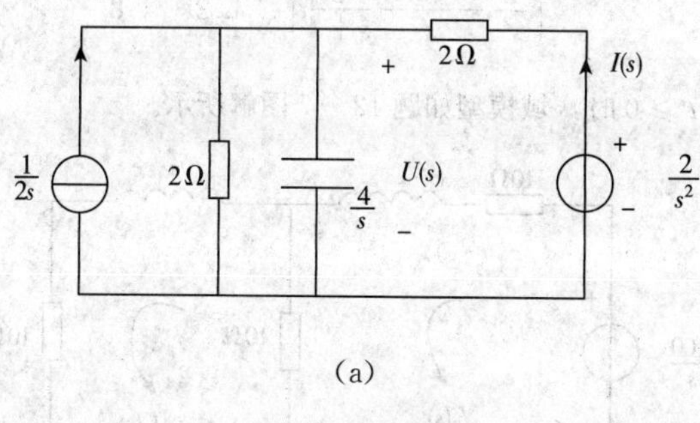

(a)

题 12－6 图解

利用戴维南定理，等效为 2 端口网络[见题 12－6 图解(b)]。

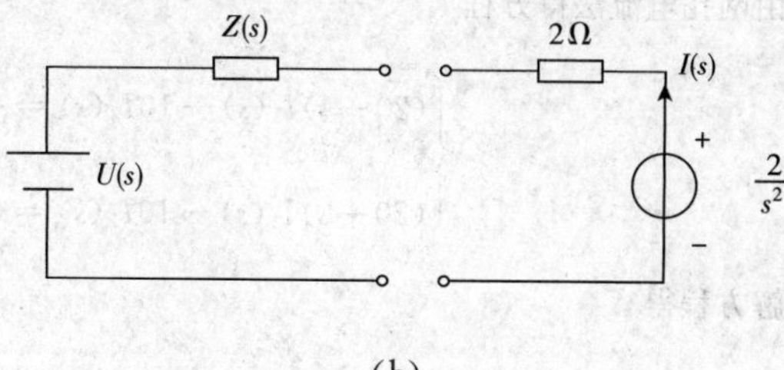

(b)

题 12－6 图解

$$\mathscr{L}(2t)=\frac{2}{s^2}$$

$$U(s)=\frac{1}{2s}\times\left(\frac{2\times\frac{4}{s}}{2+\frac{4}{s}}\right)=\frac{2}{s(s+2)}$$

$$Z(s)=\frac{2\times\frac{4}{s}}{2+\frac{4}{s}}=\frac{4}{s+2}$$

$$I(s)=\left[\frac{2}{s^2}-U(s)\right]\times\frac{1}{Z(s)+2}$$

$$=\left[\frac{2}{s^2}-\frac{2}{s(s+2)}\right]\times\frac{1}{\frac{4}{s+2}+2}=\frac{2}{s^2(s+4)}$$

$$i(s)=\mathscr{L}^{-1}[I(s)]=\mathscr{L}^{-1}\left[\frac{2}{s^2(s+4)}\right]$$

$$=\mathscr{L}^{-1}\left(\frac{\frac{1}{2}}{s^2}-\frac{\frac{1}{8}}{s}+\frac{\frac{1}{8}}{s+4}\right)=\left[\frac{1}{2}t-\frac{1}{8}(1-e^{-4t})\right]\varepsilon(t)\text{A}$$

12－7 **解题过程** $t\geqslant 0$时，s域模型如题 12－7 图解所示。

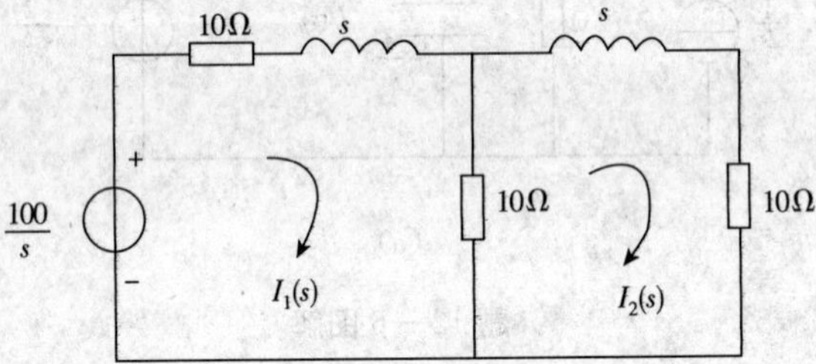

题 12－7 图解

由网孔电流法得方程

$$\begin{cases}(20+s)I_1(s)-10I_2(s)=\dfrac{100}{s}\\(20+s)I_2(s)-10I_1(s)=0\end{cases}$$

解方程得

$$I_2(s)=\frac{1000}{s(s^2+40s+300)}=\frac{1000}{s(s+10)(s+30)}=\frac{K_1}{s}+\frac{K_2}{s+10}+\frac{K_3}{s+30}$$

由赫维赛德展开定理求得 $K_1=\frac{10}{3}, K_2=-5, K_3=\frac{5}{3}$

则 $$I_2(s)=\frac{\frac{10}{3}}{s}+\frac{-5}{s+10}+\frac{\frac{5}{3}}{s+30}$$

$$i_2(t)=\mathscr{L}^{-1}[I_2(s)]=\mathscr{L}^{-1}\left(\frac{\frac{10}{3}}{s}+\frac{-5}{s+10}+\frac{\frac{5}{3}}{s+30}\right)$$

$$=\left(\frac{10}{3}-5e^{-10t}+\frac{5}{3}e^{-30t}\right)\varepsilon(t)\text{A}$$

12－8 解题过程 $t\geqslant 0$ 时，s 域模型如题 12－8 图解所示。

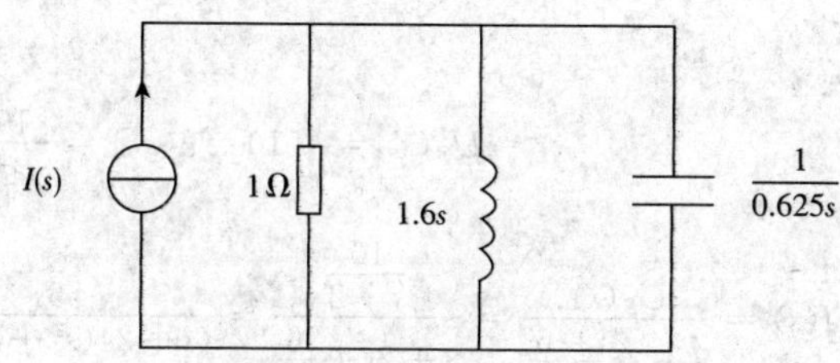

题 12－8 图解

则 $$U(s)=I(s)\times\left(1\ /\!/\ 1.6s\ /\!/\ \frac{1}{0.625s}\right)$$

$$I(s)=\mathscr{L}[1.2\cos t\varepsilon(t)]=\frac{1.2s}{s^2+1}$$

$$U(s)=\frac{1.2s}{s^2+1}\times\left(\frac{1.6s}{s^2+1.6s+1}\right)=\frac{1.92s^2}{(s^2+1.6s+1)(s^2+1)}$$

$$=\frac{K_1}{s+\text{j}}+\frac{K_2}{s-\text{j}}+\frac{K_3}{s+0.8-\text{j}0.6}+\frac{K_4}{s+0.8+\text{j}0.6}$$

由赫维赛德展开定理求得

$K_1=-0.6, K_2=0.6, K_3=1\angle-126.87°, K_4=K_3^*=1\angle 126.87°$

$$U(s)=\frac{-0.6}{s+\text{j}}+\frac{0.6}{s-\text{j}}+\frac{1\angle-126.87°}{s+0.8-\text{j}0.6}+\frac{1\angle 126.87°}{s+0.8+\text{j}0.6}$$

$$=\frac{1.2s}{s^2+1}+\frac{1\angle-126.87°}{s+0.8-\text{j}0.6}+\frac{1\angle 126.87°}{s+0.8+\text{j}0.6}$$

则 $u(t)=\mathscr{L}^{-1}[U(s)]=[1.2\cos t+2e^{-0.8t}\cos(0.6t-126.87°)]\varepsilon(t)\text{V}$

12－9 解题过程 $t\geqslant 0$ 时，s 域模型如题 12－9 图解所示。

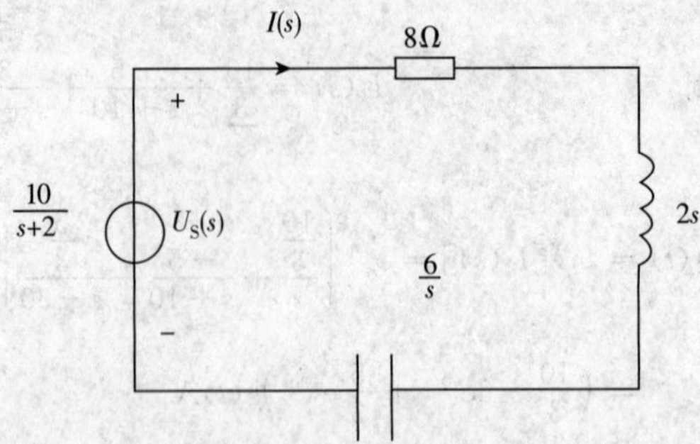

题 12－9 图解

$$U_S(s)=\mathscr{L}[10e^{-2t}\varepsilon(t)]=\frac{10}{s+2}$$

$$I(s)=\frac{U_S(s)}{8+2s+\frac{6}{s}}=\frac{\frac{10}{s+2}}{8+2s+\frac{6}{s}}=\frac{5s}{(s+2)(s^2+4s+3)}$$

由赫维赛德展开定理求得 $K_1=-2.5, K_2=10, K_3=-7.5$

则 $$I(s)=\frac{-2.5}{s+1}+\frac{10}{s+2}+\frac{-7.5}{s+3}$$

故 $$i(t)=\mathscr{L}^{-1}[I(s)]=\mathscr{L}^{-1}\left(-\frac{2.5}{s+1}+\frac{10}{s+2}-\frac{7.5}{s+3}\right)$$

$$=(-2.5e^{-t}+10e^{-2t}-7.5e^{-3t})\varepsilon(t)\text{A}$$

12－10 解题过程 画出 s 域模型如题 12－10 图解所示。

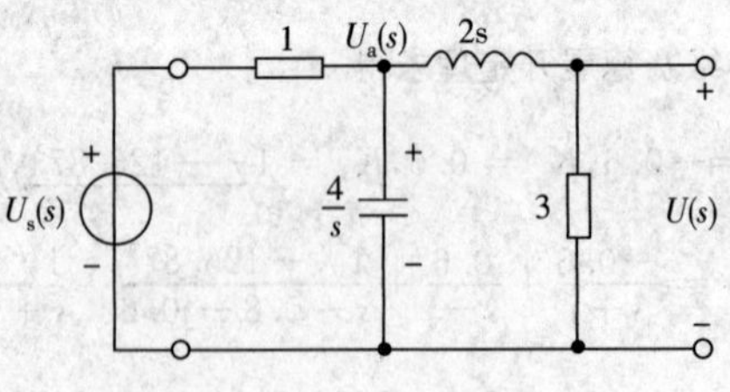

题 12－10 图解

$$\begin{cases}(1+\frac{1}{2s}+\frac{s}{4})U_s(s)-\frac{1}{2s}U(s)=\frac{U_s(s)}{1}\\-\frac{1}{2s}U_a(s)+(\frac{1}{3}+\frac{1}{2s})U(s)=0\end{cases}$$

$$U_s(s)=\frac{\frac{2s+3}{6s}}{\frac{1}{2s}}U(s)=\frac{2s+3}{3}U(s)$$

$$\left(\frac{4s+2+s^2}{4s}\right)\frac{(2s+3)}{3}U(s)-\frac{1}{2s}U(s)=U_s(s)$$

$$\left[\frac{(4s+2+s^2)}{4s}\frac{(2s+3)}{3}-\frac{1}{2s}\right]U(s)=U_s(s)$$

$$\frac{U(s)}{U_s(s)}=\frac{12s}{(s^2+4s+2)(2s+3)-6}=\frac{12}{2s^2+11s+16}$$

分母多项式的根为电路的因有频率,即

$$s=\frac{-11\pm\sqrt{121-128}}{4}=\frac{-11\pm \mathrm{j}\sqrt{7}}{4}$$

注:求解网络函数的过程与正弦稳态时相似。

12－11 解题过程 $t\geqslant 0$ 时,s 域模型如题 12－11 图解所示。

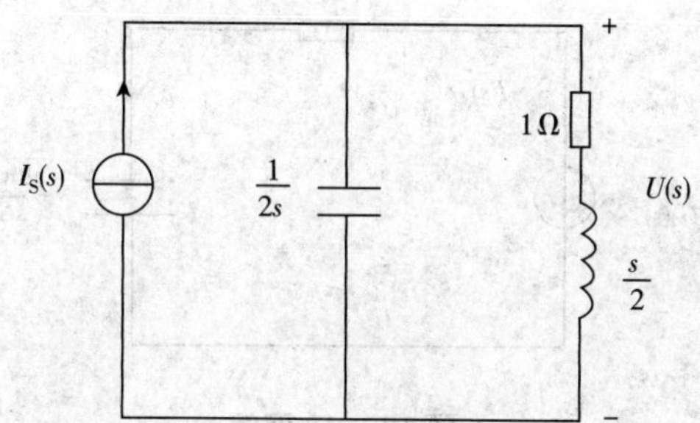

题 12－11 图解

网络函数 $H(s)=\frac{U(s)}{I_S(s)}=\frac{1}{2s}\ /\!/\ (1+\frac{s}{2})=\frac{\frac{1}{2s}\times(1+\frac{s}{2})}{1+\frac{s}{2}+\frac{1}{2s}}$

$$=\frac{1}{2}\times\frac{s+2}{(s+1)^2}=\frac{1}{2}\times\left[\frac{K_1}{s+1}+\frac{K_2}{(s+1)^2}\right]$$

采用待定系数法　$K_1(s+1)+K_2=K_1s+K_1+K_2=s+2$

则 $$K_1 = K_2 = 1$$

冲击响应 $h(t) = u(t) = \mathscr{L}^{-1}[H(s)] = \mathscr{L}^{-1}\left[\frac{1}{2}\times\frac{1}{s+1}+\frac{1}{2}\times\frac{1}{(s+1)^2}\right]$

$$= (0.5e^{-t} + 0.5te^{-t})\varepsilon(t)\text{V}$$

$U(0_+) = 0.5\text{V}$，电容电压发生跃变，因为冲击激励 $\delta(t)$ 流过电容 C，引起电容电压跃变 $\frac{1}{C}$ 即为 0.5V。

12－12 解题过程 题 12－10 已经解出 $H(s) = \frac{U(s)}{U_S(s)} = \frac{12}{2s^2+11s+16}$

则冲激响应

$$h(t) = u(t) = \mathscr{L}^{-1}[H(s)] = \mathscr{L}^{-1}\left(\frac{12}{2s^2+11s+16}\right) = \mathscr{L}^{-1}\left[\frac{6}{(s+\frac{11}{4})^2+\frac{7}{16}}\right]$$

$$= \mathscr{L}^{-1}\left[\frac{6\times\sqrt{\frac{7}{16}}\times\sqrt{\frac{16}{7}}}{(s+\frac{11}{4})^2+\left(\sqrt{\frac{7}{16}}\right)^2}\right] = \frac{24}{\sqrt{7}}e^{-\frac{11}{4}t}\sin\left(\frac{\sqrt{7}}{4}t\right)\varepsilon(t)\text{V}$$

12－13 解题过程 s 域模型如题 12－13 图解所示。

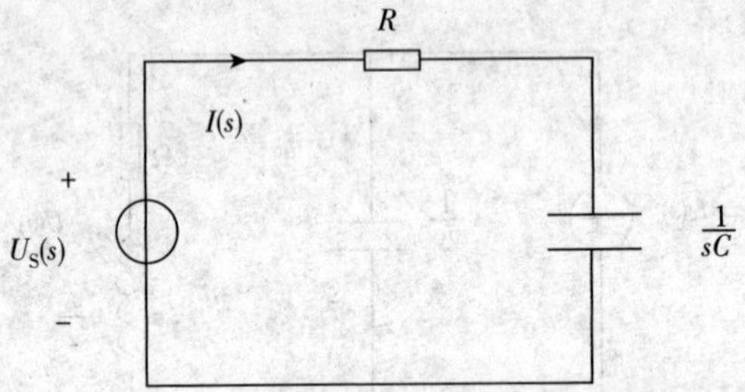

题 12－13 图解

(1) 网络函数 $H(s) = \frac{I(s)}{U_S(s)} = \frac{1}{R+\frac{1}{sC}} = \frac{\frac{s}{R}}{s+\frac{1}{RC}}$

(2) 当 $u_S(t) = U_S e^{-\alpha t}\varepsilon(t)$ 时，$U_S(s) = \frac{U_S}{s+\alpha}$

则 $I(s) = H(s)\cdot U_S(s) = \frac{\frac{s}{R}}{s+\frac{1}{RC}}\times\frac{U_S}{s+\alpha}$ 其中 $\alpha = \frac{1}{RC}$

则 $I(s)=\dfrac{\dfrac{s}{R}}{s+\dfrac{1}{RC}}\times\dfrac{U_S}{s+\dfrac{1}{RC}}=\dfrac{1}{R}\times\dfrac{sU_S}{\left(s+\dfrac{1}{RC}\right)^2}$

$$=\frac{1}{R}\times\left[\frac{K_1}{s+\frac{1}{RC}}+\frac{K_2}{\left(s+\frac{1}{RC}\right)^2}\right]$$

利用待定系数法 $K_1(s+\dfrac{1}{RC})+K_2=K_1s+\dfrac{K_1}{RC}+K_2=sU_S$

则 $K_1=U_S, K_2=-\dfrac{U_S}{RC}$ 故 $I(s)=\dfrac{1}{R}\times\left[\dfrac{U_S}{s+\dfrac{1}{RC}}-\dfrac{\dfrac{U_S}{RC}}{\left(s+\dfrac{1}{RC}\right)^2}\right]$

$i(t)=\mathscr{L}^{-1}[I(s)]=\dfrac{U_S}{R}\left(1-\dfrac{t}{RC}\right)\mathrm{e}^{-\frac{t}{RC}}\varepsilon(t)\mathrm{A}$

由上式中，我们无法区分强迫响应与瞬态响应。

12－14 解题过程 (1) 电路的激励为 $3\varepsilon(t)$，故 $X(t)=3\varepsilon(t)$

$$X(s)=\mathscr{L}[3\varepsilon(t)]=\frac{3}{s}$$

$$Y(t)=t\mathrm{e}^{-4t}\varepsilon(t)$$

$$Y(s)=\mathscr{L}[Y(t)]=\mathscr{L}[t\mathrm{e}^{-4t}\varepsilon(t)]=\frac{1}{(s+4)^2}$$

故网络传递函数 $H(s)=\dfrac{Y(s)}{X(s)}=\dfrac{\dfrac{1}{(s+4)^2}}{\dfrac{3}{s}}=\dfrac{s}{3(s+4)^2}$

(2) 冲击响应

$$h(t)=\mathscr{L}^{-1}[H(s)]=\mathscr{L}^{-1}\left[\frac{s}{3(s+4)^2}\right]=\mathscr{L}^{-1}\left[\frac{1}{3}\times\frac{K_1}{s+4}+\frac{1}{3}\times\frac{K_2}{(s+4)^2}\right]$$

$$=\mathscr{L}^{-1}\left[\frac{1}{3}\times\frac{1}{s+4}-\frac{1}{3}\times\frac{4}{(s+4)^2}\right]=\left(\frac{1}{3}\mathrm{e}^{-4t}-\frac{4}{3}t\mathrm{e}^{-4t}\right)\varepsilon(t)$$

12－15 解题过程 (1) s 域模型如题 12－15 图解所示。

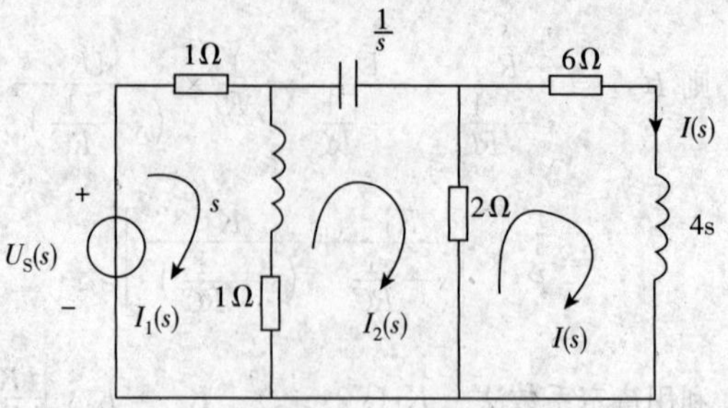

题 12－15 图解

由网孔电流法列写方程

$$\begin{cases}(s+2)I_1(s)-(s+1)I_2(s)=U_s(s)\\ (s+3+\dfrac{1}{s})I_2(s)-(s+1)I_1(s)-2I(s)=0\\ (4s+8)I(s)-2I_2(s)=0\end{cases}$$

解方程得 $I(s)=\dfrac{sU_s(s)}{2(s+2)(3s+2)}$

所以网络函数 $H(s)=\dfrac{I(s)}{U_s(s)}=\dfrac{s}{2(s+2)(3s+2)}$

(2) 当 $u_s(t)=3e^{-t}\cos(6t)\text{V}$ 时，

$$U_s(s)=\mathscr{L}[u_s(t)]=\frac{3(s+1)}{(s+1)^2+36}$$

$$I(s)=U_s(s)H(s)=\frac{3(s+1)}{(s+1)^2+36}\times\frac{s}{2(s+2)(3s+2)}$$

$$=\frac{3s(s+1)}{2(s+2)(3s+2)[(s+1)^2+36]}$$

$$=\frac{3}{2}\left(\frac{K_1}{s+2}+\frac{K_2}{3s+2}+\frac{K_3}{s+1-j6}+\frac{K_4}{s+1+j6}\right)$$

由赫维赛德展开定理得

$$K_1=(s+2)\times\frac{s(s+1)}{(s+2)(3s+2)[(s+1)^2+36]}\bigg|_{s=-2}=\frac{-2(-2+1)}{(-6+2)(1+36)}$$

$$=-\frac{1}{74}$$

$$K_2=(3s+2)\times\frac{s(s+1)}{(s+2)(3s+2)[(s+1)^2+36]}\bigg|_{s=-\frac{2}{3}}$$

$$= \frac{-\frac{2}{9}}{\left(\frac{4}{3}\right)\left(\frac{36\times 9+1}{9}\right)} = -\frac{3}{650}$$

$$K_3 = (s+1-j6)\frac{s(s+1)}{(s+2)(3s+2)[(s+1)^2+36]}\bigg|_{s=-1+j6}$$

$$= \frac{-1+j6}{2(1+j6)(-1+j18)} = \frac{1}{36}\angle -74.2^\circ$$

$$K_4 = K_3^* = \frac{1}{36}\angle 74.2^\circ$$

$$I(s) = \frac{3}{2}\left(\frac{-\frac{1}{74}}{s+2} - \frac{-\frac{3}{650}}{3s+2} + \frac{\frac{1}{36}\angle -74.2^\circ}{s+1-j6} + \frac{\frac{1}{36}\angle 74.2^\circ}{s+1+j6}\right)$$

$$i(t) = \mathscr{L}^{-1}[I(s)] = \left[-\frac{3}{148}e^{-2t} - \frac{3}{1300}e^{-\frac{2}{3}t} + 0.0833e^{-t}\cos(6t-74.2^\circ)\right]\varepsilon(t)\text{A}$$

(3) 采用叠加法，求稳态响应，只需将网络函数中 s 换成 $j\omega$ 即可

$u_s = [2+\cos(2t)] = u'_s + u''_s$

则 $u'_s = 2, u''_s = \cos(2t)$

当 $u'_s = 2\text{V}$ 时，$j\omega = 0, H(j\omega) = 0$ 则 $i' = 0$

当 $u''_s = \cos(2t)\text{V}$ 时，$\omega = 2$

$$H(j\omega) = H(j2) = \frac{j2}{j2(2+j2)(2+j6)} = 0.056\angle -26.6^\circ$$

$\dot{U}''_s = 1\angle 0^\circ$ V，则 $\dot{I}'' = \dot{U}''_s \cdot H(j2) = 0.056\angle -26.6^\circ$ A，$i'' = \dot{I}''$A

$$i = i' + i'' = 0.056\angle -26.6^\circ = 0.056\cos(2t-26.6^\circ)\text{A}$$

12－16 **解题过程** s 域模型如题 12－16 图解所示。

求零输入响应，令电压源 $U_s(s)$ 短路，

$$U'_2(s) = -\frac{2}{s}\times(3 \mathbin{/\!/} 4s \mathbin{/\!/} 6) = -\frac{2}{s}\times(2 \mathbin{/\!/} 4s)$$

$$= -\frac{2}{s}\times\frac{8s}{2+4s} = \frac{-8}{1+2s} = \frac{-4}{s+\frac{1}{2}}$$

$$u'_2(t) = \mathscr{L}^{-1}[U'_2(s)] = \mathscr{L}^{-1}\left(\frac{-4}{s+\frac{1}{2}}\right) = -4e^{-\frac{1}{2}t}\varepsilon(t)\text{V}$$

求零状态响应，令电流源开路

$$U''_2(s)=\frac{U_s(s)}{3+(4s\,/\!/\,6)}\times(4s\,/\!/\,6)=\frac{U_s(s)}{3+\frac{12s}{2s+3}}\times\frac{12s}{2s+3}=U_s(s)\times\frac{4s}{3+6s}$$

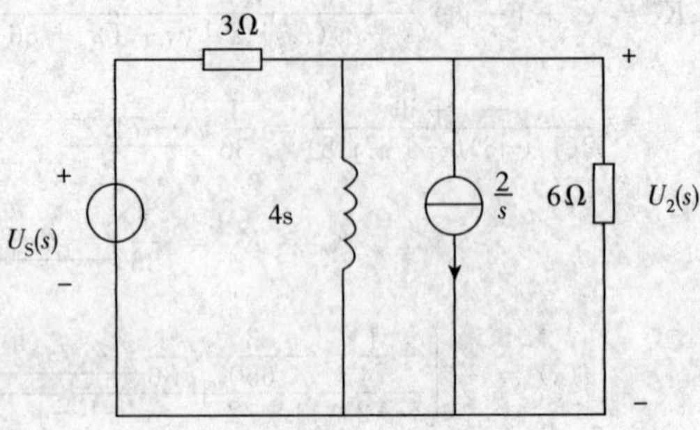

题 12－16 图解

(1) 当 $u_s(t)=12\varepsilon(t)$ 时，$U_s(s)=\frac{12}{s}$

$$U''_2(s)=\frac{12}{s}\times\frac{4s}{3+6s}=\frac{8}{s+\frac{1}{2}}$$

$$u''_2(t)=\mathscr{L}^{-1}[U_2''(s)]=8e^{-\frac{1}{2}t}\varepsilon(t)\text{V}$$

全响应

$$u_2(t)=u_2'(t)+u_2''(t)=(-4e^{-\frac{1}{2}t}+8e^{-\frac{1}{2}t})\varepsilon(t)=4e^{-\frac{1}{2}t}\varepsilon(t)\text{V}$$

(2) 当 $u_s(t)=12\cos(t)\varepsilon(t)\text{V}$ 时，

$$U_S(s)=\mathscr{L}^{-1}[U_S(t)]=12\times\left(\frac{s}{s^2+1}\right)$$

$$U''_2(s)=\frac{12s}{s^2+1}\times\frac{4s}{3+6s}=\frac{8s^2}{(s^2+1)(s+\frac{1}{2})}$$

$$=\frac{K_1}{s+\text{j}}+\frac{K_2}{s-\text{j}}+\frac{K_3}{s+\frac{1}{2}}$$

利用赫维赛德展开定理求得

$$K_1=\frac{8}{2+\text{j}},K_2=K_1^*=\frac{8}{2-\text{j}},K_3=1.6$$

$$\frac{K_1}{s+\text{j}}+\frac{K_2}{s-\text{j}}=\frac{\frac{8}{2+\text{j}}}{s+\text{j}}+\frac{\frac{8}{2-\text{j}}}{s-\text{j}}=\frac{32s-16}{5(s^2+1)}=\frac{6.4s}{s^2+1}+\frac{-3.2}{s^2+1}$$

$$U''_2(s)=\frac{6.4}{s^2+1}+\frac{-3.2}{s^2+1}+\frac{1.6}{s+\frac{1}{2}}$$

则 $u''_2(t)=\mathscr{L}^{-1}[U''_2(s)]=(6.4\cos t-3.2\sin t+1.6\mathrm{e}^{-\frac{1}{2}t})\varepsilon(t)$

故全响应为

$$u_2(t)=u'_2(t)+u''_2(t)=(-4\mathrm{e}^{-\frac{t}{2}}+6.4\cos t-3.2\sin t+1.6\mathrm{e}^{-\frac{1}{2}t})\varepsilon(t)$$

$$=(-2.4\mathrm{e}^{-\frac{1}{2}t}+6.4\cos t-3.2\sin t)\varepsilon(t)\mathrm{V}$$

(3) $u_s(t)=12\mathrm{e}^{-t}\varepsilon(t)\mathrm{V}$

则 $$U_S(s)=\mathscr{L}^{-1}[u_S(t)]=\frac{12}{S+1}$$

$$u''_2(s)=\frac{12}{s+1}\times\frac{4s}{3+6s}=\frac{8s}{(s+1)(s+\frac{1}{2})}=\frac{K_1}{s+1}+\frac{K_2}{s+\frac{1}{2}}$$

由待定系数法求得 $K_1=16, K_2=-8$

$$u''_2(s)=\frac{16}{s+1}-\frac{8}{s+\frac{1}{2}}$$

$$u''_2(t)=\mathscr{L}^{-1}[U''_2(s)]=(16\mathrm{e}^{-t}-8\mathrm{e}^{-\frac{t}{2}})\varepsilon(t)\mathrm{V}$$

则全响应 $u_2(t)=u'_2(t)+u''_2(t)=(16\mathrm{e}^{-t}-12\mathrm{e}^{-\frac{t}{2}})\varepsilon(t)\mathrm{V}$

12－17 解题过程 (1) 先求零输入响应 $u'(t)$。

$$U'(s)=\frac{10}{s}\frac{10}{10+\frac{16}{s}}=\frac{100}{16+10s}=\frac{10}{s+1.6}$$

所以 $$u'(t)=10\mathrm{e}^{-1.6t}\mathrm{V},\ t\geqslant 0$$

(2) 电压源单独作用下的零状态响应：

$$U''_2(s)=U_s(s)\left(\frac{\frac{16}{s}}{10+\frac{16}{s}}\right)=\frac{s+1}{[(s+1)^2+4]}(\frac{16}{10s+16})$$

$$=\frac{1.6(s+1)}{[(s+1)^2+4](s+1.6)}$$

$$=\frac{K_1}{s+1.6}+\frac{K_2}{s+1+\mathrm{j}2}+\frac{K_2^*}{s+1-\mathrm{j}2}$$

$$K_1 = \frac{1.6(s+1)}{(s+1)^2+4}\bigg|_{s=-1.6} = 0.22$$

$$K_2 = \frac{1.6(s+1)}{(s+1.6)(s+1-\mathrm{j}2)}\bigg|_{s=-1-\mathrm{j}2} = 0.383\angle 73.3^\circ = 0.11+\mathrm{j}0.367$$

$$K_2^* = 0.11-\mathrm{j}0.367$$

$$\frac{K_1}{s+1.6} = -\frac{0.22}{s+1.6} = -0.22\mathrm{e}^{-1.6t}$$

$$\frac{K_2}{s+1+\mathrm{j}2}+\frac{K_2}{s+1-\mathrm{j}2} = \frac{0.11+\mathrm{j}0.367}{s+1+\mathrm{j}2}+\frac{0.11-\mathrm{j}0.367}{s+1-\mathrm{j}2}$$

$$= 0.766\mathrm{e}^{-t}[\sin(2t+16.7^\circ)]$$

所以 $U''_2(t) = [-0.22\mathrm{e}^{-1.6t}+0.766\mathrm{e}^{-t}\sin(2t+16.7^\circ)]\mathrm{V}, t\geqslant 0$

零状态响应为

$$u''(t) = u''_1(t)+u''_2(t)]$$

$$[20-20\mathrm{e}^{1.6t}-0.22\mathrm{e}^{-1.6t}+0.766\mathrm{e}^{-t}\sin(2t+16.7^\circ)]\mathrm{V}, t\geqslant 0$$

(3) 全响应为

$$u(t) = u'(t)+u''(t)$$

$$= [10(2-\mathrm{e}^{-1.6t})+0.766\mathrm{e}^{-1}\sin(2t+16.7^\circ)]\mathrm{V}\ t\geqslant 0$$

12－18 **解题过程** 作出 $t\geqslant 0$ 时的 s 域模型（有伴电流源转换为有伴电压源）如题 12－18 图解所示。

$$(1+5s)I(s)-3sI_1(s) = 22+33 \quad ①$$

$$-3sI(s)+(2+3s)I_1(s) = -33 \quad ②$$

由 ② 式得 $I_1(s) = \dfrac{3sI(s)-33}{2+3s}$

代入 ① 得 $(1+5s)I(s)-3s\dfrac{3sI(s)-33}{2+3s} = 55$

$$(6s^2+13s+2)I(s) = 110+66s$$

$$I(s) = \frac{11s+\frac{55}{3}}{(s+\frac{1}{6})(s+2)} = \frac{K_1}{s+\frac{1}{6}}+\frac{K_2}{s+2}$$

$$K_1=(s+\frac{1}{6})I(s)\Big|_{s=-\frac{1}{6}}=\frac{11\times(-\frac{1}{6})+\frac{55}{3}}{-\frac{1}{6}+2}=9$$

$$K_2=(s+2)I(s)\big|_{s=-2}=\frac{11\times(-2)+\frac{55}{3}}{-2+\frac{1}{6}}=2$$

$$I(s)=\frac{9}{s+\frac{1}{6}}+\frac{2}{s+2}$$

$$i(t)=(9\mathrm{e}^{-\frac{t}{6}}+2\mathrm{e}^{-2t})\varepsilon(t)\ \mathrm{A}$$

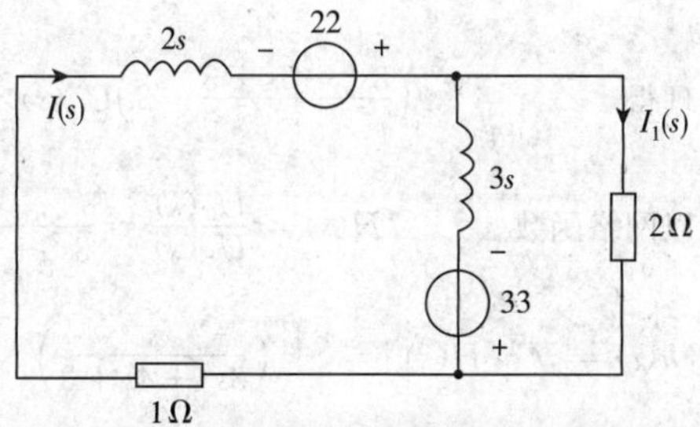

题 12－18 图解

注：s 域模型中，注意在其中计及电感初始电流。

12－19 解题过程 s 域模型如题 12－19 图解所示

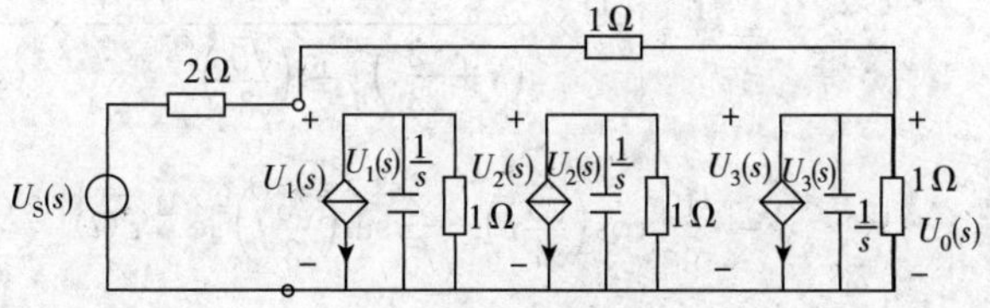

题 12－19 图解

(1) 列写方程

$$\begin{cases}\dfrac{U_S(s)-U_1(s)}{2}=\dfrac{U_1(s)-U_0(s)}{1}\\[2ex] U_1(s)\times\dfrac{\frac{1}{s}}{1+\frac{1}{s}}=-U_2(s)\\[2ex] U_2(s)\times\dfrac{\frac{1}{s}}{1+\frac{1}{s}}=-U_3(s)\\[2ex] \dfrac{U_1(s)-U_0(s)}{1}=\dfrac{U_0(s)}{1}+\dfrac{U_0(s)}{\frac{1}{s}}+U_3(s)\end{cases}$$

整理得 $$\left(\frac{3s^2+6s+3}{s}-2\right)U_0(s)=U_S(s)$$

所以网络函数 $$H(s)=\frac{U_0(s)}{U_S(s)}=\frac{s}{3s^2+4s+3}$$

(2) $$h(t)=\mathscr{L}^{-1}[H(s)]=\mathscr{L}^{-1}\left(\frac{s}{3s^2+4s+3}\right)$$

$$=\mathscr{L}^{-1}\left[\frac{1}{3}\times\frac{s+\frac{2}{3}-\frac{2}{3}}{\left(s+\frac{2}{3}\right)^2+\left(\frac{\sqrt{5}}{3}\right)^2}\right]$$

$$=\mathscr{L}^{-1}\left[\frac{1}{3}\times\frac{s+\frac{2}{3}}{\left(s+\frac{2}{3}\right)^2+\left(\frac{\sqrt{5}}{3}\right)^2}-\frac{1}{3}\times\frac{\frac{2}{3}}{(s+\frac{2}{3})^2+\left(\frac{\sqrt{5}}{3}\right)^2}\right]$$

$$=\frac{1}{3}\left[\cos\left(\frac{\sqrt{5}}{3}t\right)-\frac{2}{\sqrt{5}}\sin\left(\frac{\sqrt{5}}{3}t\right)\right]e^{-\frac{2}{3}t}\varepsilon(t)$$

$$=0.477e^{-\frac{2}{3}t}\cos\left(\frac{\sqrt{5}}{3}t+41.8^\circ\right)\varepsilon(t)\text{V}$$

(3) 正弦稳态网络函数即用 $j\omega$ 代替 s 域网络函数的 s

由于 $u_S(t)=\cos(2t)\text{V}$，所以 $j\omega=j2$，$\dot{U}_S=1\angle 0^\circ$

$$\dot{U}_0=H(j2)\cdot\dot{U}_S=\frac{j2\times1\angle 0^\circ}{3(j2)^2+4(j2)+3}=\frac{j2}{-9+j8}=0.166\angle -48.4^\circ$$

则稳态响应 $$u(t)=0.166\cos(2t-48.4^\circ)\text{V}$$